极美之境

中国的世界地质公园

UNESCO
Global Geoparks
in China

马俊杰
田明中
张志光 / 主编

北京师范大学出版集团
BEIJING NORMAL UNIVERSITY PUBLISHING GROUP
北京师范大学出版社

编委会

主　编：马俊杰　田明中　张志光

编　委（以姓氏笔画为序）：

马俊杰　王璐琳　田明中　田　楠

孙洪艳　刘晓鸿　张志光　张建平

武法东　程　捷

序

在中国这片辽阔广袤的土地上，地质公园以其独特的自然景观、丰富的地质遗迹和深厚的文化底蕴，成为地球的极美之境，为我们打开了一扇探索地球奥秘、领略自然之美的明亮窗口。

地质运动是塑造地球表面形态、创生自然资源的原始动力和根本力量，不论金山银山，还是绿水青山，归根到底都是地质运动的创举。在地球的漫长历史中，造山运动无疑是最恢宏伟大的力量，板块的摩擦与碰撞、岩层的折叠与断裂、岩浆的聚集与喷发、山脉的隆起与抬升，洪荒伟力伴随着惊天巨响，火光冲天、浓烟蔽日，那是怎样的一幅惊心动魄的宏阔场景和震撼画面？那是怎样的一场改天换地的地质盛宴和自然交响？

地质意义上的造山运动，既是地球内在力量的释出，又是大地形貌的全塑，更是自然之美的绽放。群山绵延、高峰耸立、江河奔涌、瀑布倾泻、峡谷深幽、盆地平展，自然景观天造地设，令人叹为观止。大自然的神奇巨力，不仅影响着地球的表面形貌，还直接或间接地影响着人类的生存环境和文明进程。

亿万斯年过去，我们今天置身于世界地质公园之中，近观远眺，目之所及皆为大自然的无私馈赠，绿水青山与奇峰异石交相辉映，诠释着沧海桑田亘古恒律，每一处地质遗迹都是地球演变的直接见证，诉说着那个遥远的地质故事。

中国的世界地质公园以其独特的地质现象，成为地球上珍奇的地质景观和绝妙的自然风光，恰似一幅自然天成、美轮美奂的画卷。在这里，我们可以欣赏到世间罕见的石林喀斯特地貌，惊叹上苍的鬼斧神工；可以领略到云台山的奇峰异石和张掖彩丘的斑斓色彩；可以漫步五大连池和阿尔山，感受火山喷发所创造的壮美场景；可以登上泰山之巅，体会日出时刻的怦然心动；可以走进武陵源，品味湘西风光之秀美与古朴；还可以探秘阿拉善沙漠，体验大漠的粗犷与细腻……

中国的世界地质公园还拥有丰富的生物多样性，各种珍稀植物和动物深居其中，使这些公园成为生物多样性的富集区、生态文明建设的实践示范地，也为科学研究提供了宝贵的资源。同时，中国的世界地质公园也是人与自然和谐共生的典范。中国百万年的人类史，一万年的文化史，五千年的文明史中，其独有的地质地理、地形地貌和气候特征所形成的自然条件和生态环境，最终影响着中华文化和文明的演进与发展，这些有明显自然文化印记的各种表现，均能在地质公园区域里人们的生产和生活方式中寻找到。世界地质公园是大自然留给人类的杰作和瑰宝，中国的世界地质公园既是中国人民丰富的旅游资源，也为世界游客提供了观览中国壮丽山河的绝佳之境。

在大自然面前，人类应常怀敬畏之心，倍加珍惜这份得天独厚的礼物。我们要学会更好地与自然和谐共处，爱护地球这个人类唯一的家园。美到极处是公园，我们希望人类的未来能够拥有一个公园化的生存环境，一个绿色、环保、美丽和谐的生活状态。中国的世界地质公园风景无限、魅力四射，它超越了人类的想象和能力，是生命的源泉，是心灵的抚慰。让我们怀揣梦想，一同走进这极美之境，在自然的怀抱中，享受那片宁静与美好，体验大自然的奇妙与无穷。

马俊杰

2024 年 3 月

前 言

——中国地质公园发展简史

联合国教科文组织世界地质公园（以下简称世界地质公园）是一个单一、统一的地理区域，采取整体的保护、教育、研究和可持续发展的理念对其范围内具有国际地学意义的遗迹和景观进行管理。世界地质公园利用其地质遗迹，并与区域内其他自然和文化遗产相关联，强化人们对当今人类社会所面临问题的意识和了解，如可持续利用地球资源、减轻气候变化的影响和降低自然灾害的威胁等。世界地质公园必须具有一个明确界定的边界、具备足于发挥其职能的适当面积，并拥有经地学专家独立核实具有国际意义的地质遗迹。

——联合国教科文组织官网和《联合国教科文组织世界地质公园操作指南》

锦绣华夏，山河隽美，人杰地灵，文化荟萃。自 21 世纪初叶，地质公园如雨后春笋，遍布神州大地。作为新生事物，地质公园以科学性为基石，汇聚众多名山大川，集自然和文化之美，向公众展现别样的魅力，从而成为人们探寻自然奥秘、休闲度假、回归自然的首选地。

讲到地质公园，需从地质遗迹说起。人类所居住的星球——地球有 46 亿年的历史，在这漫长的地质历史发展过程当中，经历了一系列惊心动魄的地球演变事件，既有海陆变迁、沧海桑田的天翻地覆，又有生命起源及其复杂的演化历程，而记录这些过程的众多科学证据就是珍贵的地质遗迹。人们对地质遗迹价值的认识经历了相当长的探索阶段。最初仅把它们作为科学研究的对象，发掘其科学的内涵，为了解地球发展历史服务；之后，发现其具有某些特性，可以服务于经济建设和日常生活。而认识到许多地质遗迹所展现出独特的自然景观价值，可作为人们探索自然奥秘、游览、休闲之需则是更近代之事（自 20 世纪 30 年代起），是地质公园的萌芽。可以说，地质公园的产生，是人类长期对地质遗迹资源价值认识不断深化的结果。

20 世纪八九十年代，在我们国家建立地质公园之前，重要地质遗迹通常是以自然保护区或者地质遗迹保护地来保护和管理。但是，当时这些单纯的保护举措仅仅起到了对少数重点地质遗迹的保护作用，主要是对重要化石产地的保护，如山东山旺、河北蓟县和新疆奇台等，并没有把地质遗迹的科学价值或者潜在价值发掘和利用起来。在对地质遗迹进行保护和管理的过程中普遍遇到资金、管理机构、设施和专业人才等问题，地质遗迹保护和管理举步维艰，面临严峻的局面。在此形势下，1999年，原国土资源部在山东威海召开了"全国地质地貌景观保护工作会议"，经广泛研讨，接受专家提出建立国家地质公园的建议，以地质公园的方式来开展适当的旅游和科学普及活动，使地质遗迹的科学和自然价值能被充分利用起来。一是可以让公众了解地球科学的奥秘，二是带动所在区域经济可持续发展，继而更好地保护地质遗迹。至此，地质遗迹保护和管理迎来了新的机遇，标志着我国地质公园的诞生。

地质公园是一个全新的地质遗迹保护、管理和利用的解决方案。从成立之初，就明确其地质遗迹保护、科学普及和地方经济发展三大任务。为此，1999年年底原国土资源部设立了"国家地质遗迹（地质公园）领导小组"，同时由原国土资源部主导，在国家发改委、财政部、科技部、教育部、环保部、中国科学院等国家部委的大力支持下，集全国地学专家和相关主管部门管理人员组成"国家地质遗迹（地质公园）评审专家委员会"，出台了相应的申报、评估和管理等一系列规定和文件，国家地质公园进入实施阶段。早期入选的包括了安徽黄山、河南嵩山、湖南张家界、山东泰山、云南石林、江西庐山、黑龙江五大连池等海内外闻名的旅游目的地，遍及全国，国家地质公园声名鹊起。

国家地质公园的设立，以保护珍贵的地质遗迹为首要任务，其性质上属保护区，所颁布的一系列管理方法和措施与之相对应。从本质上说，国家地质公园还不是现在意义的地质公园（Geopark），而是地质的公园（Geological Park），其关心的重点是地质遗迹（岩石等），并不是生活在区域内的老百姓（人）。

国际社会对地质遗迹的保护和合理利用的探索也由来已久。1972年联合国教育、科学和文化组织（UNESCO，以下简称教科文组织）签署了《保护世界文化和自然遗产公约》，1976年起开始建立全球文化和自然遗产地的保护和管理体系（世界自然和文化遗产地名录），但在这个体系中，地质遗产（遗迹）未获得足够重视。1991年，教科文组织在法国迪涅召开了第一届地质遗迹保护国际研讨会，并发表了"地球记忆的权益国际宣言"，从而引起国际社会对重要地质遗迹分布区域如何保护、管理并合理利用的关注。1996 年，在北京召开的第 30 届国际地质大会期间，部分与会专家通过广泛研讨和对北京周口店猿人遗址的实地考察，触发在全球范围内建立世界地质公园网络的灵感，期望在保护的前提下，充分利用地质遗迹的科学价值及与之相关的自然和文化遗产，为区域社会经济可持续发展服务，现代地质公园的萌芽自此诞生。

1996 年之后，部分欧洲国家的一些有识之士不断探索地质遗迹产地保护和弘扬的方法与思路。通过广泛的酝酿和协商，达成了共识：倡议通过建立欧洲地质公园网络（European Geoparks Network，EGN）来实现地质遗迹产地的保护和可持续发展。

2000 年，在教科文组织的支持下，部分欧洲国家的地质遗迹重要产地在广泛的酝酿和协商的基础上，由法国的普罗旺斯、希腊的莱斯沃斯硅化木森林、德国的埃菲尔火山和西班牙的马艾斯特拉次格四个地质遗产地发起，在希腊莱斯沃斯岛宣布建立欧洲地质公园网络。与中国国家地质公园以政府为主导不同的是，欧洲地质公园主要采取由地质遗迹所在区域的基层社区发起、所在地政府参与并大力支持的模式。其理念也是以地质遗迹保护为主，但更注重其价值的充分利用，并考虑到与其他自然和文化资源的关联，更多关心当地居民，目的在于推动区域经济可持续发展。其宗旨是"颂造化之神奇、谋区域之常兴"（Celebrating Earth Heritage, Sustaining Local Communities）。

在教科文组织方面，1997 年，地学部提出"创建具有独特地质特征的地质遗址全球网络，将重要地质环境作为各地区可持续发展战略不可分割的一部分"的地质公园动议，并在 1998—1999 年的教科文组织的计划和预算中首次引用"Geopark"这一地质公园术语。1999 年 4 月 15 日，教科文组织执行局在巴黎召开第 156 次会议，正式提出创建世界地质公园计划的动议。

2001 年 6 月，教科文组织召开第 161 届执行局会议，在讨论创建世界地质公园计划的动议时，多数成员国因经费等因素，拒绝支持在教科文组织中设立正式的地质公园计划，而是选择支持如欧洲成员国提出的创建独特地质特征区域的地质公园，并推动建设联系这些特征区域的全球网络。

2002 年，在教科文组织地学部的支持和帮助下，在中国、马来西亚和澳大利亚等专家的参与下，欧洲地质公园网络和教科文组织发布了世界地质公园网络（Global Geoparks Network，GGN）的操作指南和标准，首次对世界地质公园的申请、评估及管理等提出了初步的要求和标准，为世界地质公园的诞生奠定了基础。

在中国和欧洲地质公园获得初步发展的基础上，2003 年中国 8 家和欧洲 17 家地质公园提交了申报世界地质公园材料并展开实地考察。2004 年 2 月，在教科文组织和国际地质科学联合会（International Union of Geological Sciences，IUGS，以下简称国际地科联）的支持下，在法国巴黎教科文组织总部，由国际地学、地质遗迹保护管理、科研教学等的著名专家和教科文组织代表组成的执行局（Bureau），对中国和欧洲提交的 25 家地质公园的申报材料和现场考察报告进行评估，一致批准成为首批世界地质公园，宣告世界地质公园网络的诞生。

自 2004 年开始，世界地质公园通过强调地质遗迹与自然、生态、生物多样性和文化遗产等的关联性，秉承"颂造化之神奇、谋区域之常兴"的可持续发展理念，对具有国际意义的重要地质遗迹产地实施科学和有效的管理，成为世界上许多国家，尤其是广大发展中国家区域可持续发展的新手段，受到了国际社会的广泛关注和积极参与。至 2015 年 10 月，世界地质公园已发展到 120 家，分布在全球 34 个国家，其中中国 33 家，是世界上拥有世界地质公园数量最多的国家。

诞生于 2004 年的世界地质公园网络，是一个由国际上一批志同道合的学者和若干拥有国际意义地质遗迹的地质公园组成的志愿性质的国际组织，虽有教科文组织的大力支持，但尚不具备法律地位，一定程度上影响了世界地质公园的全球发展。为使世界地质公园在全球可持续发展进程中发挥更大作用，国际社会将世界地质公园发展成为一个教科文组织计划的呼吁被提到议事日程。为此，2014 年，世界地质公园网络在法国按相关法律注册成为一个具备法律地位的非营利性国际组织，名称为世界地质公园网络协会（Global Geoparks Network Association），仍简称 GGN，并颁布了章程和随后的一系列相关文件。与此同时，世界地质公园网络与教科文组织相关机构携手合作，成立了"世界地质公园加入教科文组织工作组"，在广泛征求教科文组织成员国意见的基础上，经过多次修改完善，完成了教科文组织国际地球科学与地质公园计划章程、教科文组织世界地质公园操作指南等文件，并提交给教科文组织大会。

2015 年 11 月 17 日，这是在世界地质公园的发展和建设史上一个值得庆贺和纪念的日子，这一天，在第 38 届教科文组织大会上，

195 个成员国一致同意教科文组织设立"国际地球科学与地质公园计划"（International Geoscience and Geoparks Programme， IGGP），批准相应的章程、操作指南等相关文件；同时设立了世界地质公园理事会（UGGp Council）、主席团（Bureau）和秘书处（Secretariat）等管理机构。与教科文组织其他计划有别的是，该计划属于"专家驱动型（Expert-Driven）"，性质上属于可持续发展区，而非保护区。该计划由地球科学和地质公园两大支柱组成，地球科学的官方合作伙伴是国际地科联，而世界地质公园的官方合作伙伴是世界地质公园网络。至此，联合国教科文组织世界地质公园（UNESCO Global Geoparks，UGGp）正式诞生，同时设计了教科文组织世界地质公园的标徽，并颁布了相应的使用规定，将当时全部 120 家世界地质公园网络成员整体纳入教科文组织世界地质公园。世界地质公园成为继人与生物圈计划和世界遗产之后又一个教科文组织全新品牌，其可持续发展的理念为在全球更好、更广泛地推动世界地质公园的发展注入了新的动力。

教科文组织世界地质公园理事会负责标准制定和质量控制，而其管理运行、活动推广、能力建设和地质公园大会等由世界地质公园网络负责。世界地质公园网络的决策机构是

执行局（Executive Board），由全体大会选举产生，任期 4 年。在此管理框架下，世界地质公园高效、高质量运行，国际知名度和影响力日增。至 2024 年 3 月底，全球在 48 个国家共拥有 213 个世界地质公园。

世界地质公园的创立和创新理念，契合当今全球发展的趋势，对许多国家和地区，尤其是发展中区域的社会经济可持续发展起到了极其重要的作用，具有旺盛的生命力。同时，也给广大地学科研教学机构和专业人士提供了地质工作服务于社会经济发展的广阔舞台。

中国地质大学（北京）作为我国重要的地球科学教学和科研基地，从地质公园开始就积极参与了这项伟大的工程，翟裕生院士、殷鸿福院士和李凤麟教授等老一辈科学家作为首批地质公园专家委员会成员参与其中，发挥了积极的作用。

2002 年，中国地质大学（北京）在全国率先成立了地质遗迹和地质公园研究机构——"中国地质大学（北京）地质公园（地质遗迹）调查评价研究中心"，2016 年改称为"中国地质大学（北京）地质遗迹研究中心"，成为中国最早开展地质遗迹调查和地质公园研究的高校。通过 20 多年努力，中国地质大学（北京）形成了一支具有国际视野、

深刻理解地质公园理念的专家团队，目前拥有 2 名世界地质公园个人委员（张建平、田明中）、3 名世界地质公园评估员［张建平（资深评估员）、韩菲、田楠］、5 名国家地质公园数据库专家（张建平、田明中、武法东、程捷、夏柏如），其中张建平教授担任世界地质公园网络执行局成员、理事会副主席、国际地科联国际地质遗迹委员会副主席。

多年来，在国家主管部门指导下，中国地质大学（北京）专家团队参与了一系列与中国地质公园建设发展相关的规章制度和标准的制定工作，为许多地方政府在国家和世界地质公园申报、建设、发展及人才培养等方面提供了全方位的技术服务，得到了各级政府的高度肯定，为推进中国世界地质公园的发展作出了重要贡献。

自 2003 年起，中国地质大学（北京）的专家团队主持申报的世界地质公园有内蒙古克什克腾、四川兴文、四川自贡、山东泰山、内蒙古阿拉善、中国香港、北京延庆、内蒙古阿尔山、甘肃敦煌、山东沂蒙山、甘肃张掖、甘肃临夏、吉林长白山、北京房山（部分）和福建宁德（部分）；负责编写英文申报材料和协助准备现场考察的世界地质公园有安徽黄山、河南嵩山、江西庐山、河南云台山和湖南湘西；除此之外，还先后协助福建泰宁、湖南张家界、黑龙江五大连池、云南石林、浙江雁荡山、贵州织金洞、新疆可可托海、广西乐业—凤山、福建龙岩、贵州兴义、青海坎布拉等在地质公园申报、评估、再评估和建设推广等方面的工作。

同时，中国地质大学（北京）注重地质公园建设和管理专门人才的培养，建立了从本科生、硕士、博士和博士后完整的地质公园人才培养体系。从 2015 年开始，在中国高校首次设立了"地质学（旅游地学）"专业，至 2023 年，共招生 92 人，为快速发展的地质公园事业输送了许多高质量的专业人才，一批优秀的硕士、博士毕业生成为多个地质公园的管理者和技术骨干，6 名毕业生（博士毕业生赵志中、韩晋芳；硕士毕业生孙莉、张志光、景之星、塔娜）已成为世界地质公园的评估员或资深评估员。

此外，中国地质大学（北京）专家积极参与国际世界地质公园的相关事务，除派出专家参与世界地质公园的评估和再评估、国际培训班授课等工作以外，还参与世界地质公园的组织和领导工作，在世界地质公园网络执行局、教科文组织世界地质公园理事会和国际地科联地质遗迹委员会中发挥重要作用，得到包括教科文组织在内的国际组织和专家的充分认可。

自 2016 年起，中国地质大学（北京）在联合国教科文组织、世界地质公园网络协会、地质公园主管部门的大力支持下，与 6 家世界地质公园合作，成功举办了 7 届世界地质公园国际培训班，培训对象主要是中国、沙特阿拉伯、日本、越南、朝鲜、俄罗斯、吉尔吉斯斯坦等国的世界地质公园的管理人员，成为教科文组织和世界地质公园网络认定的全球两个最重要的能力建设活动，在国际上产生了积极的影响，同时也对许多地质公园的管理与建设产生了积极的作用。

世界地质公园是一项功在当代、惠及千秋的宏图伟业。世界地质公园将地质遗迹与区域内的其他自然、生态和文化资源看作一个有机的整体，探索它们之间的相互关联，在地方经济社会可持续发展过程中发挥着极其重要的作用，同联合国 2030 年可持续发展目标（SDG）与建设人与自然和谐共生的中国式现代化高度契合，世界地质公园在我国迎来全新的机遇，使命崇高，任重道远。

本书是对我国世界地质公园特色的概括和凝练，以全新的视角，尽可能地展现中国的世界地质公园的地质遗迹之美、自然生态之美和人文历史之美。仅供广大读者欣赏，供相关专家学者、管理人员参考，不足之处请多提宝贵意见，以便再版时改正。

张建平

2024 年 3 月

目 录

Contents

01 /

黄山世界地质公园

HUANGSHAN

UNESCO
GLOBAL
GEOPARK

中国黄山联合国教科文组织世界地质公园（以下简称黄山世界地质公园）位于安徽省黄山市境内，面积173.43平方千米。距市府所在地屯溪69千米，主体地质遗迹属花岗岩峰林景观。地质公园以峰高峭拔、雄峻瑰奇而著称，奇峰耸立，青松挺拔，峭石嶙峋，云海浩瀚，温泉喷涌，千米以上的高峰有72座。黄山世界地质公园以"奇松、怪石、云海""三奇"和丰富的水景以及它们的相互组合，古往今来，一直为人们赞誉和向往。黄山拥有联合国教科文组织三大品牌，1990年列入世界自然和文化遗产地（双遗产地），2004年成为首批世界地质公园，2018年加入

人与生物圈计划。

地质遗迹价值

中生代时期（距今约1亿3000万至1亿2400万年），黄山地处江南古隆起与北缘盖层的接合部位，受古太平洋板块向欧亚大陆俯冲的影响，中酸性岩浆沿断裂向上运移，主体花岗岩形成深度约7千米，共有四期岩浆活动，形成深度有一定差异。有两类不同成因花岗岩系列，太平岩体是I型花岗岩，而黄山岩体为S型花岗岩的复合。

距今6500万年前后，黄山地区发生较强

迎客松（张建平 摄）

地貌与云海（黄山世界地质公园 提供）

烈的隆升。随着地壳的抬升和来自不同方向的各种应力的作用，地下岩体及其上的盖层遭受风化、剥蚀，同时又产生出不同方向的节理。自第四纪（距今260万年）以来，间歇性上升形成了三级古剥蚀面，花岗岩岩体暴露地表，最终形成了今天的黄山。在组成黄山的花岗岩岩体中，由于在形成深度、矿物组分颗粒大小、结晶程度、抗风化能力和节理的性质、疏密程度等多方面的差异，造成了鬼斧神工般的黄山美景。

黄山，以峰为主体，主峰鼎立，群峰簇拥，构成地质公园中地貌骨架，已命名有36大峰和36小峰。莲花峰、光明顶、天都峰为三大主峰，峰脚直落谷底，高差达千米，浑

花岗岩峰林冬景（于亚伟 摄）

4

厚巍巍而雄伟壮观；西海群峰为石林式峰林地貌，挺拔峻峭而奇特秀丽。根据山峰的形态、分布和组合可划分为穹状峰林、脊状峰林、锥形峰林、石林式峰林、独柱式峰林、陡悬破碎式（怪石）峰林六大类。对黄山花岗岩地貌景观的形成及演化过程的深入研究，是认识喜山期新构造运动以及相应的地貌学、区域动力学的重要途径。另外，黄山第四纪冰川遗迹的发现和研讨，对研究第四纪以来气候变化和现今地貌的形态具有重要的科学意义。

生态价值

黄山处于亚热带季风气候区内，山高谷深，气候呈垂直变化，局部地形对气候起主导作用，形成特殊的山区季风气候和植物的垂直分带。特殊的地貌环境、优越的自然气候条件，为动植物的繁衍和生存提供了良好的生存环境。统计表明，黄山野生动物323种，是皖南山区动物分布最为集中的地区，有国家一级保护动物6种（其中鸟类2种、兽类4种），国家二级保护动物26种。黄山植物有1805种，其中，苔藓植物57科114属191种；蕨类植物31科58属131种；裸子植物6科15属18种；被子植物128科640属1465种，其中国家珍稀濒危保护植物21种。广泛分布的黄山松被誉为黄山胜景中的一"绝"，其生长和分布与黄山花岗岩峰林地貌的形成和发展关系非常密切。黄山生物多样性特征形成了一个结构合理而又完整的生态系统，构成了一个人与自然和谐共生、良好的自然环境。

黄山群峰叠翠，山、石、松、云互相衬托，和谐统一，形成了连续构图的整体布局。高低错落、峻峭秀拔的山峰构成了有节奏旋律的、统一构图的基调。黄山的整体美，妙在群山有机组合成一幅波澜起伏、气势磅礴

玉屏楼（吴春辉 摄）

的立体画面。诸峰又各抒其长，大小高低，形态各异。游黄山可以"揽山川之性情，穷峰峦之形制"。故欣赏细嚼均怡人，明代地理学家徐霞客在游览黄山之后发出"黄山归来不看山"之感慨。黄山的松、石、云和峰以及它们的有机组合，无不体现着中华民族深刻的哲理和美学思想、美的法则。它们还因时间和地点不同而有仪态万千的变化。黄山的美学价值表现在整体美、形态美、自然美等方面。

文化价值

黄山的自然美景，吸引了历代的诗人墨客、志士名流，领略和歌咏雄伟、瑰丽的自然景色，产生了浩如烟海、灿若繁星的诗文。自盛唐至晚清，描绘黄山的散文有几百篇，诗词二万余首。黄山还拥有众多的摩崖石刻，均镌刻在石壁上，与山体结合在一起，浑然天成。黄山之美是中国文化与中国自然山水的结合，体现了中华民族特有的审美意识、审美情趣和表达形式，反映了中国自然风景的民族特色。此外，黄山还有大量的民间传说和神话故事。可以说，黄山是一座名副其实的诗的山。黄山风景之神奇出众，吸引了无数的摄影师，在他们的镜头下，一幅幅秀丽和灵气的作品，充分展现了黄山独特的美之旋律。

黄山的综合之美

黄山地质公园如诗如画的整体价值和美

梦笔生花（王永新 摄）

霞光中的黄山花岗岩地貌（郭柏林 摄）

感，是以花岗岩为背景，第四纪冰川遗迹、水文地质遗迹等地质遗迹和地质景观资源、丰富的动植物资源和黄山文化等资源有机组合、高度和谐、相互关联和相互作用而形成的，体现了世界地质公园的独特魅力。

作为黄山地质公园最主要的物质基础——花岗岩，在长期地质演变历史过程中，在内、外动力的地质作用下，从形成、演变到最终我们看到的争奇斗艳的山峦峰林、壁立千仞的峭壁峡谷、惟妙惟肖的怪峰巧石、飞流直下的飞瀑流泉及波澜壮阔的云海松林，无不揭示出不同资源之间的内在联系和相互作用。

花岗岩中异常发育的裂缝（节理）为无缝不入的干曲枝虬、百态千姿的黄山松和其他植物提供了绝佳的生长场所，并为其提供了丰富的矿物质和充沛的水分，而植物的繁盛潜移默化地改变了花岗岩的形貌和特色，并与其所处的独特的地理和气候环境密切相关。由此产生的大量怪峰奇石被祖祖辈辈生活于此的、充满智慧的人们赋予了多样的神话故事，产生了独具特色的地方文化和习俗。而纷至沓来的历代文人墨客又为黄山留下了大量珍贵的文化遗产，如今成为世界文化遗

产的重要组成部分。因此，黄山世界地质公园是地质、自然、生态和人类活动联合缔造的奇迹，各类资源的相互依存、相互作用和相互联系彰显了人与自然和谐相处的世界地质公园的核心价值。

（张建平）

水调歌头·黄山世界地质公园

金　旺

昨夜落梅雨，千里换新天。江南寻景何处，策马向黄山。沟壑穿峰绝路，松竹藏溪奏曲，问道九连环。平地险峰起，借胆上云端。

壁悬松，云铺海，夜听泉。石猴望尽，多少沧海与桑田。东岳频临圣驾，中岳长燃香火，秀字可当先？许我桑榆在，拄杖复登攀。

02 /

庐山世界地质公园

LUSHAN

UNESCO
GLOBAL
GEOPARK

庐山联合国教科文组织世界地质公园（以下简称庐山世界地质公园）位于江西省境内，地处中国东部长江中下游交界，北临长江，东傍鄱阳湖，面积548平方千米。伟大的长江，辽阔的鄱阳湖，美丽的庐山，汇集成一道壮丽的风景线。庐山，因其独特的地质记录、地理位置和文化传承，成就其在中国近代历史上的无可替代的地位，在1996年以文化景观列入联合国教科文组织世界遗产名录，并于2004年成为首批世界地质公园网络成员之一。

地学特色与价值

庐山世界地质公园以典型变质核杂岩构造、地垒式断块山构造和中国大陆东部山麓第四纪冰川遗迹所塑造的多成因复合地貌景观为特色。

庐山拥有不同时代不同岩石类型（沉积岩、岩浆岩、变质岩），典型地层剖面保存较完整。庐山变质核杂岩、拆离断层构造典型突出，尤其是盖层中的固态流变褶皱构造十分发育，具有极高的科研与美学价值。

喜马拉雅造山运动形成了庐山地垒式断块山构造地貌，受多条大断裂控制，其西侧

庐山雄姿（李敏 摄）

冰川地貌——角峰（黄韬 摄）

为高角度断层崖，东侧有多条推覆断裂与近于直立的剪切节理悬崖。庐山断块山在形态上呈菱形断块，雄伟而奇特，是研究华南大地构造的重要基地。元古宙地层出露较为齐全，其岩相建造是研究华南前寒武纪地质的重要窗口，是研究扬子板块陆壳组成的一个极其珍贵而罕见的天然地学断面。

地质学家李四光 1931 年首次在庐山发现第四纪冰川遗迹，1937 年完成的《冰期之庐山》重要著作，为我国第四纪冰川地质学研究开辟了先河。迄今为止，在庐山共发现数十处重要冰川地质遗迹，完整地记录了冰雪堆积、冰川形成、冰川运动、侵蚀岩体、搬运岩石、冰川泥砾沉积的全过程，是中国东部古气候变化和地质特征的历史记录。与欧洲阿尔卑斯地区及北美地区第四纪冰川活动特征有许多相似之处，具有全球对比意义，对研究全球古气候变化和地质发展史具有极高的科学价值。

生态价值

庐山世界地质公园的地貌与自然、生态、生物多样性和文化历史紧密相连，相辅相成，孕育出独特的自然、生态、美学及文化多样性。在地质公园中，风景秀丽，森林茂密，满目尽现横看成岭侧成峰的山岳地貌、飞流直下三千尺的瀑布景观、曲径通幽如仙境的峡谷清泉和美轮美奂风格各异的多国别墅群。厚重的历史承载和璀璨的中西文化底蕴使庐山成为"人文圣山"。

生物多样性

庐山是位于广袤的长江中下游平原上的独立山体。独特的地理位置和气候环境，孕育了丰富的生物资源。庐山地区植物种类极为丰富，堪称长江中下游平原野生生物的天然"避难所"，外来植物最佳的"侨居地"，极为宝贵的"生物基因库""生态岛"。据不完全统计，庐山世界地质公园拥有高等植物 3956 种：其中本土植物 2473 种，各类珍稀濒危植物有 200 余种。已记录的脊椎动物 342 种，其中哺乳动物 40 种、鸟类 219 种、爬行动物 42 种、两栖动物 24 种，昆虫 2519 种。首次在庐山发现或以庐山（牯岭）命名的昆虫有 67 种。因其丰富而典型的动植物资源，1934 年建立的庐山植物园是中国第一个亚热带高山植物园。

文化价值

公元前 126 年司马迁登上庐山，30 年后他在史书《史记·河渠书》中写下"余南登庐山，观禹疏九江"，这也是在历史上关于庐山最早的地学历史记载之一。庐山见证了中国古代治水盛举，反映了人类对地理学认识和地质灾害的防治水平的不断提升，从而取得了古代水利事业的巨大成就，推动了社会经济的可持续发展。古代历史地理名著《山海经》中，将庐山称为天子都。公元 1618 年，明朝地理学家徐霞客游历庐山，并撰写了《游庐山日记》。

庐山是一座千古文化名山，庐山优美的山水自然环境，成为中华山水文化的最佳载体，具有极高的科学价值、美学价值和旅游观赏价值。庐山不仅是地质学家进行科学研究的圣地，而且还深受众多文学家、艺术家青睐，独特的复合地貌景观以及孕育出的优美自然生态环境给予他们无尽的创作灵感，

三叠泉瀑布（李敏 摄）

冰蚀湖——如琴湖（李敏 摄）

4000多文人墨客登临庐山，留下16000余篇诗词歌赋，以及1000余通碑刻、摩崖石刻。庐山既是以陶渊明为代表的中国田园诗的发源地，又是以谢灵运为代表的中国山水诗的发祥地，还是以顾恺之为代表的中国山水画的发源地，历代大画家创作的以庐山为题材的大量书画作品，在中华美术史上都占有极高地位。

集美之境

庐山世界地质公园秀美壮丽的复合地貌景观、悠然宜居的自然生态环境与中国传统的人与自然和谐共生的天人合一哲学思想以及海纳百川的文化包容特点，孕育出庐山独特的教育文化、宗教文化、建筑文化和茶文化。以程朱理学创始人、教育家朱熹为代表的庐山书院文化，作为古代理学和教育中心学府的白鹿洞书院代表着儒家理学近700

别墅群（卫炭 摄）

年来的大趋势，庐山白鹿洞书院在中国思想史和教育史上具有重要的地位；庐山是佛教净土宗发源地，慧远的东林寺代表中国"佛教化"与佛教"中国化"的大趋势，佛教、道教、基督教、伊斯兰教、天主教在此和谐共处。

庐山襟江带湖的地理环境、独特的地质特点、优越的自然环境，以及云雾缭绕的气象条件造就了庐山的瀑泉景观、优良的水质，孕育出独特的庐山茶泉文化，庐山云雾茶历史悠久，庐山谷帘泉因水质优良而被茶圣陆羽赞誉为"天下第一泉"。

近代保存完好的 600 余栋 20 余国家风格迥异的近代别墅群为代表的建筑文化，让庐山成为近代别墅建筑博物馆，体现了中西文化的深度交流与融合。庐山的历史遗产是地质与文化的融合，具有巨大的美学价值，体现了中华民族的文化精神。

1996 年，教科文组织世界遗产委员会第 20 届全体会议暨主席团特别会议上，专家学者对庐山历史文化的评价为："江西庐山是中华文明的发祥地之一。这里的佛教和道教庙观，代表理学观念的白鹿洞书院，以其独特的方式，融汇在具有突出价值的自然美之中，形成了具有重大美学价值的、与中华民族精神和文化生活紧密相联的文化景观。"会议一致同意批准庐山作为"世界文化景观"列入《世界遗产名录》。

（张建平）

庐山世界地质公园

薛思雅

横峰侧岭识真面，原是冰川落九天。
坠入凡尘星子院，生得窖谷大林禅。
青牛缓缓道德悟，白鹿呦呦义理言。
搅动芦林英气在，风流人物更争先。

03 /

云台山世界地质公园

YUNTAISHAN

UNESCO
GLOBAL
GEOPARK

云台山世界地质公园位于河南省焦作市北部山区，呈北东—南西方向延伸的带状，横跨修武县、焦作市区、博爱县和沁阳市，公园面积 556 平方千米。2004 年 2 月 13 日，正式成为全球首批 28 个世界地质公园网络成员之一。

云台山世界地质公园翘首黄土高原，雄视华北大平原，眺望中华母亲河（黄河）。云台山起伏多变的远峰近峦，险峻恢宏的悬崖峭壁，深邃幽静的沟谷溪潭，各种动态的飞瀑走泉与开阔、规则、整齐、坦荡的平川田园风光形成了鲜明的对比。这里拥有优美的自然风光、丰富的自然资源、宜居的自然环境。

云台山世界地质公园位于黄土高原与华北平原过渡部位，南太行山的主脊到华北平原之间。公园有一系列具有特殊科学意义和美学价值、在裂谷作用大背景下形成的"云台地貌"，是新构造运动的典型遗迹，在长期处于构造稳定状态的华北古陆核上，发育了一套相对完整且具代表性的地台型沉积，完整地保存了中元古代、古生代海洋环境，尤其是陆表海环境的沉积遗迹。

峡谷群地貌——云台地貌

云台山世界地质公园的地貌经过长期发

云台远眺（张忠慧 摄）

九曲回转（云台山世界地质公园 提供）

展演化以及外动力作用塑造，形成了"峰谷交错、群峡间列、悬崖长墙、崖台梯叠"的"云台地貌"景观，成为中国地貌家族中的新类型。尤其是公园内的峡谷群以及峡谷群之间的长脊、长墙等都是裂谷作用的重要证据，既具有研究新构造运动和裂谷演化上的重要意义，又具有美学观赏价值和典型性。典型的景观有红石峡、青龙峡、峰林峡、鲸鱼湾、九曲回转、龙脊长城、天瀑、绝壁长崖、龙凤壁等，具有奇、险、秀、幽的特点。

陆表海沉积构造遗迹

华北地台是我国唯一的也是世界上少有的以"稳定"著称的古陆块。在长期稳定的大地构造背景条件下，于12亿年前形成了华北地台上第一个具有盖层特点的非全域性的滨浅海相紫红色碎屑岩沉积建造。距今5.4亿年左右，随着全球古气候变暖和海平面上升，整个华北地台已是一片汪洋，在地势平坦、海水浅而动荡、长期稳定的陆表海环境下形成了一套巨厚的广海碳酸盐岩沉积。此后因受加里东全球性地壳运动影响，华北地台整体抬升并遭受风化剥蚀，直到距今3.2亿年前再次发生海侵，形成我国北方最重要的含煤陆表海沉积建造。

在长达10亿年的沉积过程中，华北地台经历了3次由海进到海退的海平面升降旋回，形成和保存了大量典型陆表海沉积构造遗迹。云台山地区位于华北地台南部，公园内保存

云台山瀑布（云台山世界地质公园 提供）

云台山神农山龙脊长城（张忠慧 摄）

着 20 多亿年由海变陆的历史，几乎是地球历史的二分之一，发育了一整套华北地台上相对完整且具有广泛代表性的沉积地层，完整地保存了这些在地质历史上已经消亡了的、特殊的古代海洋的沉积遗迹。在云台山地区因裂谷作用所形成的陡崖、绝壁等天然地层剖面上到处可以清晰地看到波痕、羽状交错层、水平层理、泥裂构造、叠层石、三叶虫、角石等古代海洋的沉积构造和古生物化石遗迹，是一座古代海洋历史博物馆。

大自然弹奏的贝多芬交响曲

云台山世界地质公园位于秦岭以北，但因处在一个独特的大地构造位置上，水资源显得相对丰富。雨水渗入地下后，又以泉水的形式从崖壁的顶部、中部、底部流出，形成悬泉飞瀑、涧溪碧潭与钙华等景观相互映衬，形成云台山独具特色的亮丽风景。单级落差达 314 米的云台天瀑是亚洲单级落差最大的瀑布，与云台天瀑相辅相成的还有蝴蝶泉、孔雀泉、黑龙潭等；在红石峡谷长 1.5

云台峡谷（ 云台山世界地质公园 提供 ）

千米、宽仅数米至数十米的红色嶂谷中，水之幽奥神奇与山之雄险挺拔得到了淋漓尽致的体现。

徜徉在云台山世界地质公园，既会感叹北国山势之雄伟，又可领略南国山川之秀美；既能体验到大自然拥抱的惬意，又能聆听到飞瀑流泉的欢歌。青龙峡河水湍急，两岸的绿色长廊向山西省延伸；峰林峡和青天河更是一派高峡平湖风光。

自古造化钟神秀

云台山地区的自然资源十分丰富，生物群落多种多样，植被覆盖率高，空气清新，气候宜人。整个地区的植物表现出五大特征：一是古老性，如大果榉、白皮松等古老树种；二是稀有性，有中国最北的红豆杉，万亩野生竹林；三是过渡性，除华北植被区系外，还可以见到东北、西南以及华中植被区系的植物；四是多样性，据资料统计，云台山地区的种子植物有 2000 余种；五是系统性，垂

陈氏太极拳（云台山世界地质公园 提供）

直分带明显，从海拔300米至800米，不同的区域生长着不同的植物。这里还是猕猴自然保护区的组成部分；云台山所在的焦作地区的"四大怀药"更是闻名天下，早在1300年前，唐代药王孙思邈就对云台山地区的中草药进行研究，将地黄、菊花、山药、牛膝记录在书中。

中原地区是中华文明的发祥地之一。云台山地区的人文历史，自古就是中原文化的

重要组成部分。三国时期的司马懿、唐代文宗韩愈和著名诗人李商隐、元代理学家许衡、明代著名乐律学家朱载堉都在此地生活过。魏晋时期的"竹林七贤"在百家岩一带活动长达20余年。此外，还有流传至今、发扬光大了的陈氏太极拳，成为云台山世界地质公园对公众的演艺节目。

东亚裂谷的鬼斧神工，使太行山由此横断，高原流水的神来之笔，描绘出云台山这

幅震撼人心的丹青画卷。山水同奇的云台山，峰峦高耸、云雾缭绕。崇山峻岭里，峡谷幽深、溪涧纵横；悬崖峭壁间、奇峰崖台上，古木参天、山花烂漫；怪石碧潭处，青苔琪树、积翠堆苍。红石峡秀如盆景、红似滴血、亦真亦幻；潭瀑峡一瀑一景、一潭一色、瀑潭相依、群瀑竞流。云台山世界地质公园悠久的地质历史、丰富的自然资源、深厚的文化积淀、极高的美学价值，共同构成了云台山世界地质公园立体完整的精彩华章。

（田明中　张忠慧　孙洪艳）

云台山世界地质公园

薛　涛

云雾盘腰路亦然，台阶尽处露霞丹。
山川远近皆如画，美在其中客忘还。

04 /

石林世界地质公园

SHILIN

UNESCO
GLOBAL
GEOPARK

石林世界地质公园位于云南省昆明市石林彝族自治县境内，地处中国第二级阶梯地形的云南东部喀斯特高原，公园总面积350平方千米。石林世界地质公园于2004年被列为首批世界地质公园网络成员，2015年成为联合国教科文组织世界地质公园。

石林世界地质公园地处云南东部交通要冲，昆石高速、石锁高速、西石高速、九石阿旅游专线、南昆铁路、云贵高铁为游客提供了便捷的交通网络。公园距离南昆铁路石林站3千米，距云贵高铁石林西站21千米，距昆明长水国际机场84千米。

属地特征

石林世界地质公园所在地气候是典型的亚热带高原干湿季风气候，具有"冬无严寒，夏无酷暑，四季如春，干湿分明"的特点。年平均降水量在939.5毫米。雨季降水量占全年降水量的80%—88%，旱季降水量仅占12%—20%，平均湿度75%。

公园的水体可分为地表水和地下水，地表水系以巴江河为代表，巴江河源头位于公园北部乃古石林附近，呈北东—南西向径流或地下暗河伏流，穿越公园，经路南盆地，汇入南盘江，两江交汇处因断裂抬升和侵蚀

石林世界地质公园（王丽梅 摄）

柱状石林（杨兴民 摄）

溶蚀作用，形成大叠水、小叠水瀑布群。大叠水瀑布高 87.8 米，宽 54 米，是中国珠江流域上游的第一大瀑布。

石林历史悠久，文化积淀深厚。公园范围内发现了 8 处新旧石器遗存，公园部分地区保留了中国西南地区的古驿道和古驿站。以阿诗玛为代表的彝族文化享誉海内外，彝族撒尼语口传叙事长诗《阿诗玛》、彝族大三弦舞蹈、彝族撒尼挑花、彝族摔跤被列为

国家级非物质文化遗产；深情优美的歌曲《远方的客人请你留下来》是 2008 年北京奥运会闭幕式主题曲。

资源特色

石林世界地质公园广泛地分布着厚度较大的古生界碳酸盐岩，并发育了丰富、独特、多样的高原喀斯特地貌。公园范围内地貌类

能歌善舞的撒尼人（李昆 摄）

剑状石林（王丽梅 摄）

塔状石林（李建民 摄）

型主要有高原丘陵、低山、中山、洼地、盆地、石丘、石林、石芽原野、峰丛、喀斯特洞穴、河谷、湖泊、瀑布等，其中以石林地貌及其多样性的组合景观最引人瞩目：丰富多彩的变幻莫测的表面溶蚀形态、类型多样的石柱、溶峰和其组合，构成了公园最有特色的地质地貌遗迹景观，世界上主要的石林形态几乎都在这里得到集中体现，因而是集石林景观之大成的喀斯特"博物馆"，具有极高的美学价值。石林世界地质公园还发育溶丘、洼地、溶蚀湖、漏斗、溶洞、暗河、天生桥和瀑布等，它们与石林一起构成了一幅喀斯特地貌全景图，有着重要的科学价值。

石林世界地质公园的石林景观不仅在地质学上有着显著价值，在园林艺术领域也是自然模本。通过对这些石林地貌的研究，可以探讨自然景观如何影响园林设计，以及园林艺术如何借鉴自然的美。这为景观设计、生态园林等专业领域提供了实际的参考与启示。

石林喀斯特地貌

石林喀斯特地貌是石林世界地质公园中

乃古石林（李昆 摄）

最具代表性的重要组成部分，尤其是剑状石林的风貌，气势恢宏，出神入化，造型丰富，曲折迂回，豪气与秀丽相融，奇趣与意韵共鸣。著名景点有"阿诗玛""莲花峰""剑峰池""犀牛望月"等。此外，石林与花草树木、暗河深潭相结合，展示了非同寻常的自然美。在石林还可以感受到当地彝族人与石林悠久的历史渊源，石林深处有彝族先民留下的古崖画。石柱上更有多处后人的摩崖石刻，显示了石林的文化内涵。

黑松岩石林

黑松岩石林，又叫乃古（彝语：黑色）石林，发育乃古石林的主要岩石为 2.7 亿年前的白云质灰岩。白云质灰岩较纯灰岩抗溶蚀能力强，因而在世界上极少能够形成石林（剑状喀斯特），然而乃古石林却是个例外，发育了完美的石林地貌。

乃古石林以粗犷而苍莽的风格而闻名。黑松岩的石头连绵相接，宛如一片紧密相连的黑色石海。这片石海与云湖、白云洞、古战场、站屯滴水瀑布等景点共同组成了

溶蚀湖——长湖（李兰英 摄）

一个"峰上望、林中游、地下钻"的立体
景区。

长湖

长湖东西长约 1300 米，南北宽约 800 米，
面积 0.54 平方千米，平均湖深 8 米，长湖为
构造溶蚀湖，湖泊水生植物以海菜花为主。

长湖水质洁净，空气清新，植被覆盖率
高达 95%，是旅游、疗养、野营、水上活动
的好去处。每年阴历的六月二十四日，撒尼

人在此举行盛大的火把节，届时这里将变成
一片纵情狂欢的海洋。

历史文化

石器时代便有人类在石林地区活动，数
千年前石林地区散落着的大大小小氏族部落
便是现今石林彝族的祖先。在长期的历史演
化中，当地彝族人与石林地貌和构成石林的
岩石——石灰岩结下了不解之缘，不仅形成
了适应于石林喀斯特环境的生存方式，而且

形成了与石林景观密切联系的民族文化。石林的石柱上留有早期彝族人的岩画和石刻，石林也融入了当地撒尼人生活的方方面面，宗教、传说、诗歌、舞蹈、刺绣、服饰、建筑、节庆等，无不反映了与石林久远的历史渊源。

脍炙人口的《阿诗玛》史诗、热烈的"火把节"、深情的歌曲《远方的客人请你留下来》等早已广为人知。

（田明中　王璐琳）

石林世界地质公园

张楚岩

前瞻辨柳眉，转角显身姿。

茂密依长岭，嶙峋傍浚池。

水溶吞剑刃，风化吐蚕丝。

状尽全天下，当为第一奇。

05 /

丹霞山世界地质公园

DANXIASHAN

UNESCO
GLOBAL
GEOPARK

丹霞山世界地质公园位于广东省韶关东北部，公园总面积292平方千米，是丹霞地貌的命名地。丹霞山由红色砂砾岩构成，以赤壁丹崖为特色，看去似赤城层层，云霞片片，古人取"色如渥丹，灿若明霞"之意，称之为"丹霞山"。丹霞山世界地质公园是2004年中国申报的首批世界地质公园，2015年成为联合国教科文组织世界地质公园。

公园内交通便捷，所在地韶关是国家规划发展的一级铁路枢纽和公路运输枢纽城市，丹霞机场连通内外，北江航道通江达海，高铁普铁是贯通南北的主干道，高速公路、国省道四通八达，已形成以"八高三铁两航"为主骨架的综合交通网。

属地韶关：中南腹地　红色秘境

韶关位于广东省北部，北接湖南、东邻江西，南连广州、惠州，素有广东北大门之称，是粤港澳大湾区辐射内陆腹地的"黄金通道"和"桥头堡"。韶关绿色富饶、资源丰富、生态一流、水系发达、温泉密布，大小河流1500多条；拥有137万公顷林地面积，森林覆盖率达到74.5%，被誉为"地球同纬度保存最为完整的一块绿洲"；矿产资源禀赋，居广东省前列。

群峰拥翠（丹霞山世界地质公园提供）

韶关历史文化底蕴厚重，有2100多年的建城史，是中原文化与岭南文化的融合交汇点，有世界自然遗产和世界地质公园丹霞山、"禅宗祖庭"南华寺、"广府故里"珠玑巷等，闻名全国，享誉世界。

丹霞山位于南岭山脉南坡，属亚热带南缘，具有中亚热带向南亚热带过渡的亚热带季风性湿润气候特点，夏长冬短，春夏多云雨，秋冬降水较少，秋高气爽。平均海拔619.2米。

资源特色

构成丹霞地貌的物质基础是形成于距今9000万年至7000万年前晚白垩世的红色河湖相砂砾岩。距今约6500万年前，丹霞山世界地质公园所在地区受地球构造运动的影响，产生许多断层和节理，同时也使整个丹霞盆地变为剥蚀地区。距今约2300万年前开始的喜马拉雅运动使得本区迅速抬升。在漫长的岁月中，间歇性的抬升作用使得本区的地貌发生了翻天覆地的变化。地球内、外力共同作用，将丹霞山区塑造得秀丽多姿，680座山石错落有致，形象万千，宛如一方红宝石雕塑园。

公园以其独特的丹霞地貌成为中国南方

丹霞世界自然遗产的主要分布区域。这片神秘而美丽的地方蕴藏着丰富的地球科学价值和国际地质学研究的深厚内涵。

丹霞地貌

丹霞山世界地质公园是丹霞地貌命名地，也是"丹霞组"层型剖面的命名地。在世界2000多处丹霞地貌中，丹霞山面积广大、造型丰富、景点奇特，发育具典型性、代表性、多样性和不可替代性，具有很高的科学价值和美学价值。

丹霞山是世界丹霞地貌发育最典型、类型最齐全、造型最丰富、风景最优美的区域。不同体量和不同形态的赤壁丹崖组成了大小石峰、石堡、石墙、石柱等达680多座，最高峰巴寨海拔619.2米。

可持续发展

位于丹霞山世界地质公园、锦江东岸的瑶塘新村，通过"丹霞彩虹"及生态宜居美丽乡村建设，村庄不仅提升了"颜值"，还走出一条以民宿经济为核心的特色村庄可持续发展道路，开启了"民宿＋文创农创＋美丽乡村生活圈"的发展模式，带动全域旅游

丹山碧水（丹霞山世界地质公园 提供）

赤壁丹崖（丹霞山世界地质公园 提供）

发展，迈出了推动乡村振兴的第一步。

目前，瑶塘新村已经建成了以自然生态、禅文化、音乐休闲、图书阅览等为主题的特色民宿44间，发展农家乐、特产店一批，形成集旅游、住宿、娱乐、购物为一体的特色乡村。2019年7月，瑶塘新村入选第一批全国乡村旅游重点村名单；其所在的黄屋行政村亦于2021年被评为中国美丽休闲乡村。

自然生态

独特的地质地貌构造孕育了丰富的生物多样性系统，中生代晚期以来，由于有利的地质、水文和气候条件，丹霞山区域较之世界其他地区，保存和展示了更为丰富的暖湿气候条件下红层地貌的生物生态特征。公园内有已知植物2100种，动物1429种。拥有丹霞梧桐、丹霞小花苣苔、丹霞堇菜等6种特有植物，3种列入世界自然保护联盟濒危名录。

历史文化

丹霞山历史文化积淀丰厚。唐时期开始有僧尼经营，在明清时期达到最盛。目前已发现石窟寺遗存达40多处。锦石岩寺始建于北宋崇宁二年（1103年），明清时期进行了重建、扩建。清康熙元年（1662年），明遗

丹霞山摩崖石刻（丹霞山世界地质公园 提供）

民澹归来丹霞山开辟道场，建佛堂精舍，以佛教禅宗"教外别传，不立文字"之意，将寺命名为别传寺。澹归自充监院，在别传寺15年，从学弟子最多时达数百人。澹归撰有《绕丹霞记》《丹霞山新建山门记》《丹霞施田碑记》等。康熙三十六年（1697年），依岩洞修建的雪岩寺，现为广东省文物保护单位。

丹霞山景色雅秀、奇险，历代摩崖石刻和碑刻璀璨夺目。在丹霞山通天峡、别传寺、梦觉关、锦石岩等一带，留有自北宋至民国年间的摩崖石刻111题，其中宋刻8处、元刻9处，以"锦岩""丹霞""别有天"等大字摩崖最具代表。丹霞山摩崖石刻于2013年5月被列为第七批全国重点文物保护单位。

（田明中　王璐琳）

丹霞山世界地质公园

张　贺

神工鬼斧化琳琅，满目危崖共举昂。
信步逶迤迷忐忑，悠游醒豁辨阴阳。
南国自古蛮荒地，隔岳音书寄渺茫。
天意决然偏爱此，深情落款盖图章。

06 /

张家界世界地质公园

ZHANGJIAJIE

UNESCO
GLOBAL
GEOPARK

张家界世界地质公园位于湖南省西北部，属中国西南地区云贵高原东北部与湘西北中低山区过渡地带，公园总面积398平方千米。2004年2月13日，正式成为全球首批28个世界地质公园网络成员之一。2010年，"张家界地貌"在张家界地貌国际学术研讨会上获得国际认可，张家界世界地质公园成为世界研究砂岩地貌的胜地。2015年成为联合国教科文组织世界地质公园。张家界世界地质公园生态环境良好、地质遗迹丰富，由张家界、索溪峪、天子山、杨家界四大景区组成，共同讲述神奇的张家界故事。

属地张家界：奇峰三千　秀水八百

公园属地张家界地区属中亚热带山地型季风湿润气候，冬无严寒，夏无酷暑，气候宜人，雨量充沛，年平均相对湿度较大，年降雨量较多，年平均无霜期较长。此外水系纵横，水资源丰富，可谓"久旱不断流，久雨水碧绿"。公园内全长7.5千米的金鞭溪明净多姿、鸟鸣莺啼，被誉为"世界上最美丽的峡谷之一"。

张家界世界地质公园森林覆盖率高，地带性植被为常绿阔叶林，植被垂直分带明显，海拔从低到高依次分布常绿阔叶林、常绿与

砂岩峰林地貌（张家界世界地质公园博物馆 提供）

落叶阔叶混交林、落叶阔叶林和灌木草丛。其地质构造和植被生态系统相互交织，呈现出多样的自然景观。这种综合性的地质和生态环境为科学家提供了研究不同生态系统演化和地质过程相互作用的宝贵机会。

资源特色

张家界世界地质公园主要发育有砂岩峰林地貌和岩溶地貌，包含了砂石山峰林、方山台寨、天桥石门、障谷沟壑、岩溶峡谷、岩溶洞穴、泉水瀑布、溪流湖泊和沉积、构造、地层剖面、古生物化石等丰富多彩的地质遗迹。

张家界砂岩峰林地貌的形成，是在新近纪以来漫长的地质年代，由于地壳缓慢的间歇性抬升，经受流水长期侵蚀切割的结果。当切割至一定深度时，则形成了由无数挺拔峻峭的峰柱构成的峰林地貌。

张家界的大地构造为稳定的陆地台块，以上下升降运动为主，褶皱运动不强烈。这样稳固的地壳基础，是武陵源景区内几千座石英砂岩峰林千百万年永不崩塌的真正奥秘。

砂岩峰林地貌

张家界世界地质公园主要发育有砂岩峰林地貌和岩溶地貌，其中砂岩峰林地貌极为壮观。公园内砂岩峰林地貌包含丰富多彩的地质遗迹。公园内拔地而起的峰柱达3000多座，高几十米至400米，其中高度超过200米的就有1000多座。这些峰柱大小不一、形态各异，其分布的密集度、造型的奇异度、各种地貌形态组合的有序度、岩石植被与气象因素的色彩鲜明对比度、峡谷与溪流组合的和谐度、地形高低错落相配及各种象形山岩石景观引人入胜的联想度，都达到了令人赏心、悦目、畅神的最高审美境界。张家界砂岩峰林地貌的奇俊秀美在世界山岳景观中极为罕见，被评为中国最美的山岳景观之一。

岩溶地貌

岩溶洞穴地貌是公园内另一重要地质遗迹类型，共有大小洞穴几十个，其中以黄龙洞最具代表性。黄龙洞发育在上古生界三叠统石灰岩和白云质石灰岩地层中，由5层上下相互连通的岩溶洞穴组成，总高度160米，总长度30千米以上，为全球超级长洞之一。

元宵灯会（张家界世界地质公园博物馆 提供）

洞内各种窟穴、边槽、倒石芽及各种形态的化学堆积物十分发育，有石钟乳、石笋、石柱、石幔、石瀑、石旗、石帘、石梯田、石枝、鹅管、六盆（莲花盆）、穴珠、石金花、华表等，其中石笋最高达 22 米，最大直径达 9 米。黄龙洞的长廊、大厅、暗河、瀑布组成了错综复杂的地下迷宫，形成了"洞中水""水中洞""洞中山""山中洞"的神奇景观。黄龙洞的形成过程，反映了湖南西北部地区新构造运动有规律、有节奏地多次间歇抬升的特点，溶洞的岩溶类型齐全，表现出喀斯特溶洞的典型特征。联合国世界遗产验收委员会高级顾问桑塞尔先生称其为"所见到的溶洞中石笋最集中、神态最逼真的地方"。

多样生物

张家界世界地质公园内有植物种类 1300

张家界世界地质公园博物馆（郝丹萌 摄）

余种，根据《中国珍稀濒危保护植物名录》，有国家保护植物 57 种，其中一级保护植物有珙桐等 10 种；二级保护植物有钟萼木、白豆杉、巨紫荆、香果树等 33 种；三级保护植物有黄杉等 14 种。

张家界世界地质公园自然条件差异大，植物的垂直分带明显，植物的生态稳定平衡，给野生动物提供了良好的栖息环境，成为野生动物的乐园。公园内有云豹、红腹角雉等国家一级保护动物 4 种，大鲵、猕猴、穿山甲、大灵猫、林麝等国家二级保护动物 10 余种。

文化之光

张家界世界地质公园内有 18 个民族聚居，这里的人们都非常善良好客。千百年来，他们形成了多种多样的文化和风俗，如哭嫁、对山歌、跳茅古斯舞、跳摆手舞、吃腊肉酸菜、穿挑花织锦、住吊脚楼和做土家蜡染花布等。这些文化和风俗与张家界的自然景观紧密相连，一直传承至今，因此张家界又被称为"文化大熔炉"。随着地质公园的发展，反映当地文化和风俗的文化产业得到了极大发展，已经开发出了极具影响力的《魅力湘西》《烟

猕猴（张家界世界地质公园博物馆 提供）

张家界峰群（郝丹萌 摄）

吊脚楼（张家界世界地质公园博物馆提供）

雨张家界》等大型文艺节目，同时还建造了反映民俗风情的"溪布街"。

自然景观的壮美使得这一地方人杰地灵，涌现了大批的杰出人才，如贺龙元帅等。位于地质公园内的元帅塑像，就由张家界最负盛名的石英砂岩雕刻而成，充分反映了贺龙元帅坚强不屈的意志和勇往直前的精神。

（田明中　王璐琳）

张家界世界地质公园

宋华峰

升沉因造化，突兀感文章。
大块犹平仄，微躯任暖凉。
云开千嶂碧，日堕五溪黄。
不为逃秦入，桃花分外香。

07 /

五大连池世界地质公园

WUDALIANCHI

UNESCO
GLOBAL
GEOPARK

在中国北方，有一颗熠熠生辉的明珠镶嵌在辽阔的黑土地上，这就是五大连池联合国教科文组织世界地质公园（以下简称五大连池世界地质公园）。五大连池位于中国黑龙江省北部黑河市境内，地处小兴安岭山地向松嫩平原的过渡地带，面积790.11平方千米。五大连池距黑龙江省省会哈尔滨市380千米，距与俄罗斯接壤的黑河市230千米。哈尔滨市火车站前客运站每天有班车直达五大连池，单程3小时左右。五大连池德都机场于2018年通航，可直达北京、哈尔滨等城市。铁路交通便利快捷，可从哈尔滨市乘火车先抵达北安市（约6小时），再坐班车前

往五大连池。2003年加入联合国教科文组织人与生物圈计划，2004年成为全球首批世界地质公园。

地质遗迹价值

世界上绝大多数火山都分布在崇山峻岭或绵延山脉中，而五大连池火山群却集中在岗阜状丘陵地带，是世界上单成因火山的杰出范例。五大连池地区内的14座火山均分布在北东向和北西向连线的交汇处，构成了棋盘格子式的布局，是由地壳深处的断裂所控制。五大连池地区北东和北西方向断裂非常

五大连池火山地貌全景图（郭柏林 摄）

火山渣锥及火山口（郭柏林 摄）

发育，并以北东向为主，地球内部的岩浆沿着北东和北西方向两组断裂带的交汇处喷溢而出，形成排列整齐的火山锥。1719—1721年，老黑山与火烧山喷发，熔岩阻塞白河河道形成五个溪水相连的火山堰塞湖，因此得名五大连池。一条蜿蜒曲折的河流，宛如一条蓝色绸带，串联起这五个湖泊，从拔地而起的14座火山锥之间穿流而过。柔美灵动的湖水中倒映着雄峻青山，山水辉映，构成一幅优美的中国传统山水画卷。

五大连池是第四纪火山活动给人类留下的"天然的火山博物馆"和"火山教科书"，它由14座火山构成，以夏威夷式喷发式为主，

保存完好的喷气锥、喷气碟世界罕见，熔岩洞穴、火山堰塞湖、石海、石河、天然冷泉等地质奇观令人叹为观止。

火山锥四周陡峭，顶有碗形或漏斗形的火山口，从周围熔岩区到火山口外壁的高度一般为200米；11座盾形火山，似盾形或岗丘状，无明显的火山锥体，呈串珠状分布；岩渣锥火山主要分布于老黑山周围、火烧山东部和北部，多为主火山的副火山。

石龙熔岩台地

新期火山熔岩流形成石龙熔岩台地，其表面保存有完好的熔岩流动形迹、火山喷气

形迹（喷气锥等）及裂隙塌陷构造等。熔岩流分为两种：结壳熔岩流和翻花熔岩流（渣块熔岩流），后者约占熔岩台地面积的三分之一。结壳熔岩和翻花熔岩常构成同一熔岩流的上游和下游；或者翻花熔岩构成熔岩流的边缘，结壳熔岩构成熔岩流的主干。两者的形成主要与熔岩流动过程中温度降低、黏度增大有关。

石龙熔岩台地保留了由多次火山溢流形成的流动单元，每个流动单元厚 0.5 米至 5 米不等。由于岩浆溢流量依次减小，由边缘向火山口逐渐后退，使每个流动单元之间有 1 米至 2 米高的台阶，远看如层层梯田。旧期熔岩台地由于侵蚀和掩盖已见不到这些形迹，但在西龙门山有大面积"石塘"（块状熔岩流）。

结壳熔岩

结壳熔岩是最流畅熔岩流的形态，其特点是管灌式输送，表面比较平坦，可能覆盖着绳状表面和圆丘形外观。结壳熔岩显示出丰富的形态特征，有象鼻状熔岩、爬虫状熔岩、绳状熔岩、波状熔岩、馒头状熔岩、木排状熔岩、熔岩坪、熔岩河、熔岩裂隙、熔岩瀑布、胀裂丘和胀裂脊等。

翻花熔岩

翻花熔岩又称渣块状熔岩，由大小不等、表面粗糙不平的岩渣状碎块组成。主要由于熔岩流前峰冷凝或地形变化而受阻，流速变缓，后部岩流继续向前运动、推挤前峰，造成半固结外壳破碎、褶皱并继续运动形成，远远望去犹如波涛汹涌的大海，近看又怪石嶙峋、千姿百态。

块状熔岩堆

熔岩在缓慢流动过程中，外壳凝固，内部仍在沿着斜坡流动，堆积形成的块状熔岩堆，犹如黑褐色的"石寨"，景象巍然，蔚为壮观。

对于火山的地质研究最早可以追溯到清朝吴振臣写的《宁古塔记略》和西清写的《黑龙江外记》，都对火山爆发进行了考察和翔实的记录。到了近代，先后有 1844 年芬兰·尔特教授撰写的《中央亚细亚》，1935 年地质学家杨杰写的《中国东北部几个近期火山》，以及 20 世纪 30 年代日本地质学家小仓勉写的《龙江省德都县五大连池火山地质调查报告》等多篇地质研究著作。他们对该区的地质、地貌、生物、水文、环境，以及历史、文化和旅游等进行了相关研究，完成了多种比例尺的地质测量和填图，使五大连池成为全球火山地质、地

喷气锥（郭柏林 摄）

貌的科学研究基地。

生态价值

　　五大连池还是珍稀的生态王国。历经数次火山喷发，生命的演替就在火山活动的间歇生生不息地进行。园内植物有143科428属1044种，其中珍稀濒危植物有胡桃楸、水曲柳、黄檗、野大豆等。脊椎动物有89科396种，其中国家珍稀和濒危动物有大鸨、秋沙鸭、丹顶鹤、长耳鸮等。五大连池生物多样性，在中国北方乃至北温带同纬度地区极为罕见，生动地再现了火山熔岩上生命演变的全部过程，是研究生物演替的最理想的生态学教学、科研基地。

　　五大连池独特的火山地质环境还造就了

熔岩流（郭柏林 摄）

举世闻名的矿泉资源。五大连池矿泉水是世界矿泉极品，与法国维希矿泉和俄罗斯北高加索矿泉相媲美，具有低温、矿化度高、口感独特、再生能力强等特点。水中含有的二氧化碳气体纯度达到99%，并含有锌、硒、锗、锂、钼、钒、铜等30多种有益于人体健康的宏量和微量元素，不但是饮用佳品，而且对神经系统、循环系统、消化系统、泌尿系统等多种疾病具有神奇疗效，享有"药泉""圣水"之美誉。

文化价值

五大连池世界地质公园的矿泉资源孕育了传承悠久的火山圣水文化。五大连池火山圣水节是多民族人民千百年来形成的重大民俗节日，被列入国家非物质文化遗产。该节日包含圣水祭祀、篝火狂欢、民族歌舞、泉湖灯会、抢零点水、钟灵庙会、龙舟竞渡、舞龙舞狮等民俗活动。20世纪初，因朝拜圣水，在药泉山火山口上建成的寺庙——钟灵禅寺，至今香火鼎盛。在天然矿泉滋润下，这里还孕育出最纯正的矿泉美食，如矿泉鱼、矿泉豆腐、矿泉蛋、矿泉豆、矿泉果蔬、矿泉大米、矿泉酒等，成为游人舌尖上的美食。

龙门石寨（郭柏林 摄）

火山堰塞湖（郭柏林 摄）

集美之源

五大连池世界地质公园这颗镶嵌在东北亚大陆桥上的璀璨明珠，在中华黑土地上闪耀着光芒。它的地球科学价值、生态学价值、美学价值已经为世人所瞩目，并将大放异彩。一方水土养一方人，地质公园的地质、火山作用的背景奠定了五大连池的地貌格局，孕育了独具特色的自然生态环境和多样的动植物资源，而丰富的矿泉资源成为当地独特的文化和习俗的灵魂，各类资源相互作用、相互关联造就了一处人与自然和谐共生的极美胜地。

（张建平）

五大连池世界地质公园

包 含

内心澎湃外安闲，动似阴晴一瞬间。
连鼓奔雷惊日色，流光炽液饰天銮。
山凝阔野云残迹，火入长河水不前。
往事何须追暮影，身随万类自悠然。

08 /

嵩山世界地质公园

SONGSHAN

UNESCO
GLOBAL
GEOPARK

嵩山世界地质公园位于河南省郑州市西部登封市，总面积464平方千米。该地质公园于2001年3月成为我国首批国家地质公园之一，2004年2月正式成为全球首批28个世界地质公园网络成员之一，是一座以地质构造为主，以地质地貌、水体景观为辅，以生态和人文相互辉映为特色的综合性地质公园。

公园地貌分为北部山地区及南部陵岗区。北部山地为嵩山主脉，海拔400米—1500米，相对高差1100米；南部是登封盆地的陵岗区，海拔245米—400米，地表多被第四纪沉积物覆盖。海拔550米—1000米是褶皱山地貌景观，海拔1000米—1512米是石英岩峰岭景观。这些地貌景观成为探索、研究地貌类型和地貌发展历史的教科书。

"五代同堂"的地层记录

嵩山是中国少数几个古老的陆核之一，有近30亿年的地质演化史。在公园少林寺周边不足20平方千米的范围内，清晰出露了太古宙、元古宙、古生代、中生代和新生代五个地质历史时期的地层，被地质界称为"五代同堂"，记录了该地区的海陆变迁历史。其中最老的一代地层形成于距今25亿年前，原是海洋环境的火山喷发和沉积形成的一套

法王寺（嵩山世界地质公园 提供）

火山岩—碎屑岩组合，经长期演化已经成为变质岩，以登封市地名命名为登封岩群。元古宙时期形成的一套地层因在嵩山太室山周边分布具有代表性而命名为嵩山群，为形成于距今23.4亿年左右的石英岩，内部发育有波痕、泥裂等特殊沉积构造现象，说明当时该地区处于浅海—滨海环境。古生代时期形成的地层反映出该地区经受了多次海陆变迁，但自中生代以来，则是陆地环境形成的碎屑岩。

三大运动的海陆变迁

嵩山世界地质公园的另一地质特色是有以该地区地点和特色文化含义命名的三大地壳构造运动，即"嵩阳运动""中岳运动"和"少林运动"，这三次大的地壳变动，使得原本平整有序的岩石地层被打乱，有的变得直立，有的发生强烈弯曲，有的甚至翻倒过来。

嵩阳运动发生在距今25亿年前后，这次运动使得该地区受到南北两方向的挤压，导致太古宙时期形成的火山熔岩和沉积的碎屑岩发生褶皱隆起和强烈的变形变质。随后元古宙时期该地区又下降经受沉积盖在变质了的岩层上，但在太古宙和元古宙两个时代地层之间存在时间上的不连续性，且两套地层

呈一定角度相交叠，地层的这种接触关系，在地质学上称为不整合接触，接触的界面称为不整合接触面。因此地质学上的不整合接触面代表了地壳运动，具有非常重要的科学价值。

距今18.5亿年前该地区又发生了一次挤压褶皱隆起，被称为"中岳运动"。中岳运动让距今21亿年至18.5亿年前沉积的嵩山群碎屑岩发生强烈的变形变质，最典型的是嵩阳运动底砾岩被定向拉长，嵩山群岩层形成了各种不同类型的褶皱形迹。"中岳运动"使得嵩山地区再次成为山地，之后遭受剥蚀、夷平，在距今17亿年前后该地区下沉重新成为海洋。

距今6亿年前后，嵩山地区又发生了被称为"少林运动"的地壳运动，嵩山第三次被大范围抬升出海面，结束了地球生命大爆发前的元古宙演化历史。

这些地壳构造运动所形成的角度不整合接触界面和典型的变质变形遗迹，被誉为"天然地质博物馆"和记录地球演变的"百科全书"。

壁立千仞的构造地貌

受该地区强烈构造运动的影响，不仅形

嵩阳运动记录（嵩山世界地质公园 提供）

成了中岳独特的山体景观，也使得原本形成时是水平的岩层发生各种变形，加之长期的日晒风吹、冰霜雪雨的洗礼，形成了独特的构造地貌。尤其是少室山附近，元古宙时期形成的石英岩近乎直立，在长期风化剥蚀后，岩层之间裂隙增大，加之岩层缝隙间被植被装饰，犹如密集分布的直立挺拔石树，故称为石林。石林之间，峡谷深渊，石林顶端，参差不齐的尖峰直指云端。

流水飞瀑的水体景观

由于山在不同历史时期隆升速度不同，河流下切时深时浅，河段也是有陡有缓，在转折部位经常形成裂点，形成流泉、飞瀑、深潭等水体景观。这里崖壁陡峭，奇石林立，花草繁盛，泉水自山崖逐级跌落，形成疑是银河落九天之势；瀑下聚水成潭，波光粼动，形态各异，仿似人间仙境、世外桃源。

中岳嵩山 武术少林

嵩山为五岳名山之一，因位居中原，又名"中岳"。嵩山就像一条巨龙横卧在豫西山地和华北平原之间，故有"华山如立，中岳如卧"之说。嵩山山脉呈纬向横贯地质公园，海拔 400 米至 1500 米，相对高度 1100 米，最高峰——连天峰海拔 1512.4 米，嵩山主峰——峻极峰海拔 1492 米。太室山和少室山各有 36 峰，共计 72 峰，峰峰有名，峰峰有典。

随着嵩山山体地势起伏，植被也呈明显分带性，海拔 600 米以下的低山、丘陵、河谷平川地段主要为灌丛、草甸及农作物，海拔 600 至 1000 米之间主要为麻栎、栓皮栎林，海拔 1000 至 1200 米之间主要为天然阔叶林、锐齿槲栎林、短柄枹林、山杨林，海拔 1200 米以上主要为锐齿槲栎林，夹杂有湖北海棠、

少室山石英岩石林（嵩山世界地质公园 提供）

卢崖瀑布（嵩山世界地质公园 提供）

嵩山科普夏令营（嵩山世界地质公园 提供）

毛山楂、山荆子等。各种野生动物生活在不同的植被带中，其中有国家一级保护动物黑鹳，国家二级保护动物雕鸮和大鲵。

　　陡峭挺拔的山势，怪石嶙峋的峡谷，白岩、绿树、碧水、蓝天、红庙彼此装饰，犹如美不胜收的山水画卷。

　　嵩山世界地质公园属地登封市是一个内蕴丰富的历史文化名城，中华民族文化发祥地之一。这一带发现有大量新石器文化遗址。下辖的告成镇发现有夏商城堡和战国阳城等遗址，尤其是有3000多年历史的周公观星台，为周文王二子周公旦所建，周公用圭表法测量日影，确定了"夏至""冬至""春分"和"秋分"，如今该地已成为世界级非物质文化遗产"二十四节气"的诞生地之一。中国历史上有37位帝王曾在此封禅游历。

　　中岳嵩山相继产生了嵩阳书院、大法王寺和少林寺、中岳庙，从而使嵩山成为儒释道三教共处的圣地之一。嵩山书院为宋代四大书院之一，鼎盛时期生徒数百人，藏书千余册。

　　嵩山也是古建筑艺术的宝库，尤以中岳庙和少林寺为代表，整体建筑沿中轴线展布，重檐歇山，斗拱飞翘，雄伟壮观。2010年"天地之中"嵩山历史建筑群被联合国教科文组织列入世界文化遗产名录，该遗产包括少林寺（常住院、初祖庵、塔林）、东汉三阙（太室阙、少室阙、启母阙）、中岳庙、嵩岳寺塔、会善寺、嵩阳书院、观星台等8处11项历史建筑。

说起嵩山，必提少林。"天下功夫出少林，少林功夫甲天下。"少林武术源于嵩山少林寺并因此而得名。少林功夫以刚健有力、朴实无华、套路繁多、技击精练、实战实用而驰名中外。少林武术的崇高声誉，不仅源于禅武合一、出神入化的武术境界，更源于尚武报国、助善惩恶的武术精神……

中岳嵩山，纳三山之灵气，集五岳之精粹，既是世界地质公园，又是"天地之中"历史建筑群世界文化遗产和世界非物质文化遗产，是中国大地上一颗璀璨的明珠，熠熠生辉。嵩山是地质工作者解析地球奥秘的实验场，是培养地质科学家和工程师的摇篮，是普及地球科学知识的殿堂，是开展地质文化教育的基地。

中岳嵩山用身姿、用骨骼、用筋脉讲述26亿年以来的嵩阳运动、中岳运动、少林运动、燕山运动等地球演化的历史，讲述8000年来的原始村落、周公测景、少林武术传奇等这些人类的往事。

嵩山的故事永远也讲不完，厚重的嵩山体现着一种壁立千仞、无欲则刚，海纳百川、有容乃大的精神。

（田明中　孙洪艳　张忠慧）

嵩山世界地质公园

胡江波

亿年造化始天成，卓立中原久负名。

七十二峰来太古，三千余岁鉴文明。

土圭测景虽无迹，书院讲经犹有声。

凭览还须亲至此，可怜诗句少风情。

09 /

雁荡山世界地质公园

YANDANGSHAN

UNESCO
GLOBAL
GEOPARK

雁荡山世界地质公园位于浙江省温州市和台州市境内，总面积 298.8 平方千米。2004 年成为中国第三批国家地质公园，2005 年成为世界地质公园网络成员。雁荡山世界地质公园地处东海之滨，位于我国东南沿海经济发达的长江三角洲经济圈。高速、高铁、机场和港口构成了海陆空立体式交通网络，交通之便利在全球的世界地质公园中都属翘楚。

资源雁荡山

雁荡山地质公园以白垩纪流纹质火山岩

和火山地貌为主要特征，伴有奇特秀丽的嶂、峰、门、洞、飞瀑、河流等地貌景观。根据资源特色和地理分布，中心为雁荡山园区，西翼为楠溪江园区，东翼为方山—长屿硐天园区，平面布局上犹如展翅飞翔的大雁。

雁荡山世界地质公园地质构造上属于环太平洋构造域，为濒太平洋火山带的重要组成部分。受距今 1.4 亿年至 1 亿年前古太平洋板块向欧亚大陆板块之下俯冲，大量的岩浆沿地下裂缝上涌，在地表形成火山喷发。喷出的岩浆因其二氧化硅含量高被划分为酸性岩浆，它们比较黏稠、流动缓慢，其流动的特征在冷却固结成岩后也被保存在岩石中，

雁荡山叠嶂（叶金涛 摄）

方山（叶金涛 摄）

形成了独特的流纹质构造，这种岩石也被称为流纹岩。喷出的火山灰、火山角砾等其他喷发物最后形成了火山凝灰岩、火山角砾岩等。

雁荡山在1亿多年前经历了四次火山喷发，形成了累积厚度达万米的火山喷发物，在地质公园内形成了丰富多样的火山地质遗迹。岩浆喷发后的火山口中心因物质亏空而发生塌陷，从而形成雁荡山破火山口。在破火山口中心后又经历了一次岩浆侵入补充，但这次岩浆未能喷出地表。这个时期是地质历史的中生代、中国燕山运动时期，因此雁荡山火山遗迹记录了中国东部中生代火山爆发、塌陷、复活隆起的完整地质演化过程，是燕山运动中岩浆大爆发的一个典型代表。

雁荡山火山喷出物以火山口为中心呈环状分布，层层叠叠堆积而成宽厚绵长、顶部平缓的山体。明代著名地理学家徐霞客把这种山体称为"叠嶂"。叠嶂高度在100米至300米之间，宽度可达数百米。这些叠嶂后经风吹雨淋，崩塌垮落，进一步形成了多种独特的火山岩地貌。

在堆叠的火山岩层中，垂直向上的节理、断裂发育，沿着节理裂缝处则最易被流水侵蚀、崩塌垮落，将叠嶂切割成一条条狭长、陡峭、直立如屏似的岩嶂，朝阳嶂、金带嶂是其中的典型代表。一些岩嶂被切割成顶部分离、底部相连的峰丛，更有甚者彻底切开成一个个石柱、石峰。峰柱之间或接踵摩肩，或若即若离，构成了一线天、石门、天生桥等多类景观。而公园的方山则是因周缘被切割发生崩塌形成陡崖，使得整座山方形如箱，故称"方山"。

特殊的气候条件和雁荡山独特的岩石相互作用，在雁荡山的火山岩体中形成了大量千奇百怪的火山岩洞穴，它们最大直径可达20余米，小者不足1米。流水从火山岩裂隙中飞流直下，犹如水龙冲天，形成了以大龙湫、小龙湫为代表的瀑布景观。因雁荡山地区降水充沛，在平缓的山顶上，部分低洼之地积水成湖，形成了别具一格的山巅湖泊。

66

雁荡山峰柱群（叶金涛 摄）

雁荡之名正是由于山顶湖中芦苇茂密，结草为荡，南归秋雁多宿于此而得。

雁荡山地质公园的长屿硐群是人工依势取石留下来的采石矿业遗迹，是"世界上规模最大的人工石硐"，开采历史始于南北朝，兴于宋朝，长达1500余年，自近代以来随着自然环境保护意识的提升逐渐停止开采，并将其治理成"别有硐天"的风景。长屿硐群由28个硐群、1314个形态各异的硐窟组成。石硐的特殊形态使得其具有特殊的回响功能，从而在这里开辟了独特的岩硐音乐厅，无须电声设备就具有立体声效，游人不管在音乐厅的哪个角落都能听到同频自然立体声，2002年4月28日在这里成功举办了"中国首届岩硐音乐会"，蜚声海内外。公园以硐为馆，建设了我国最大的硐穴博物馆——中国石文化博物馆，展示了各地奇石、当地传统的石雕工艺品、名人字画等。

生态雁荡山

雁荡山火山岩中蕴含的丰富矿物质也使得这里的土壤异常肥沃，生态环境非常优良，具有极高的生物多样性。雁荡山植物区系处于华东和华南区系过渡地带，维管束植物种属丰富，森林植被呈现多样性。这里生长有雁荡润楠、雁荡三角槭、雁荡马尾杉等特色植物20余种，桧柏、柏木、银杏、桂花、樟树、枫香、竹柏等古树名木161棵，这里还生活有穿山甲、云豹、白鹤、白鹳等珍稀濒危飞禽走兽10余种，为雁荡山增添了无限生机和神韵。

文化雁荡山

雁荡山世界地质公园山水风光秀丽，犹如巨型的园林风景。雁荡山是中国"三山五岳"中的三山之一，有"海上名山"之美誉。早在五千年前，新石器时代的瓯越先民就在楠溪江流域繁衍生息，造就了灿烂的瓯越文化。其独特的地质地貌景观也给诗人、画家、文人学士以强烈的美感和灵感，促使历代文人墨客留下大量诗文、游记、山志、摩崖石刻等，据统计其中诗词5000多首，摩崖碑刻370余件。沈括在《梦溪笔谈》中赞誉道："温

雁荡——大龙湫（缪云飞 摄）

长屿硐天（叶金涛 摄）

州雁荡山，天下奇秀。"徐霞客曾三访雁荡山，寻雁湖，探大龙湫之源头。

楠溪江优美的山水风光，孕育了数百个古文化村落，这些古村落依山傍水，将人居与山川地势融合，巧妙布局，天人合一。始建于初唐的岩头古村，以科学的水利设施和巧妙的村庄布局而闻名；南阁古村，始于明清，村里的南阁牌楼群是中国江南地区数量最多、年代最古老、保存最为完整的木构牌楼群。晋代的北阁古村、民国时期的黄塘古村等，

保留了大量精美的木雕、石雕、古井、古桥、古书院。这片山水成就了永嘉学派、永嘉四灵、永嘉昆曲等，留下了细纹刻纸、蓝夹缬、黄杨木雕等非物质文化遗产。完整的楠溪江水系、历史悠久的古村落群，共同阐释了这里"水美、岩奇、瀑多、林秀、村古"的内涵，是中国农耕文明与山水文化完美结合的杰作，一同伴随着雁荡山的火山岩地貌见证着其醇厚独特的发展历史。

（孙洪艳）

临江仙·雁荡山世界地质公园

周哲宁

泉尽龙湫飞急漱，茗香绕作云盘。荡胸豪意自岿然。了结心里事，拾步向林端。

寥落乐官声不显，何时幽径归山。余生只欲宕中闲。摩崖临碑刻，与雁歌阑珊。

10 /

泰宁世界地质公园

TAINING

UNESCO
GLOBAL
GEOPARK

　　泰宁世界地质公园位于中国东南部，福建省西北部泰宁县境内，面积492.5平方千米。泰宁世界地质公园处在西太平洋大陆边缘活动带的典型地带，受构造活动影响，该地区自晚三叠世（距今2亿年）以来，就处于河湖发育的盆地环境，在河湖中沉积形成了巨厚的红色岩层（红层），其间还经受过火山喷发、岩浆侵入等。早期的红层和火山岩、侵入岩又被后期构造切割、地表营力改造，形成了代表中国青年期演化阶段的丹霞地貌及花岗岩地貌、构造地貌等。

赤壁丹崖话泰宁

　　泰宁世界地质公园的丹霞地貌分布面积达250多平方千米，是中国亚热带湿润区青年期山原（平台）—峡谷组合式丹霞的代表，是中国丹霞地貌世界自然遗产的重要组成部分。联合国教科文组织世界遗产委员会评价泰宁丹霞：丹霞地貌区保存了清晰的古剥夷面，被密集的网状峡谷和巷谷分割而成的破碎的山原面，独特的崖壁洞穴群、密集的深切峡谷曲流和原始的沟谷生态构成罕见的自然特征，成为青年期低海拔山原峡谷型丹霞的代表。峡谷、洞穴、碧水丹山的完美结

状元岩——丹霞古夷平面（陈宁璋 摄）

丹霞峰丛组成网状峡谷（陈儒林 摄）

合，凸显出泰宁世界地质公园与众不同的无穷魅力。

　　大量发育的赤壁峡谷是泰宁世界地质公园丹霞地貌的主要特征之一。距今 1 亿年前左右丹霞地区河湖中沉积了巨厚的泥、砂等，经成岩作用变成泥质岩、砂岩等红色地层。由于地质公园处于构造活跃地带，在红层中发育了错综复杂的断裂、裂隙系统，后期流水沿着断裂缝隙不断向下侵蚀，使得裂隙加深，形成了大量丹崖赤壁及组合错综复杂的网状峡谷群和深切峡谷曲流。公园内有丹崖赤壁 1100 多处，峡谷 240 多条，巷谷 150 余处，线谷（一线天）80 余处。这些赤壁峡谷或直或斜，或宽或窄，有的纵横交错，有的齐头并进，有的九曲回肠。在峡谷陡壁顶部，

流水沿裂隙下切，将陡壁顶端切开，有的底部相连成峰丛，有的则切成一个个石柱，有的则四周切得浑圆如城堡。置身峡谷之中顺溪流而上，平视犹如陷入迷宫，仰望则犹如坠入仙境。

丹霞洞穴藏玄机

　　泰宁世界地质公园的丹霞洞穴数量之多、洞穴群规模之大、洞穴造型和组合之奇特以及洞穴的可观赏性都是极其少见的。由于形成丹霞的地层以含钙质泥岩、砂岩为主，加之丹霞体中裂隙发育，流水渗入溶解了岩石中的钙质，再有流水的剥蚀和重力崩塌、生物侵蚀等，最终在丹霞体表面形成各种形态

寨下大峡谷——波状崖壁与洞穴（陈宁璋 摄）

的洞穴。它们形态多样，有额状洞、扁平洞、（水平、倾斜和垂直）岩槽、穿洞、套叠洞、蜂窝洞和天生桥等。这些洞穴大者可容千人，小者甚至不足寸余。无数的奇洞或镶嵌于赤壁之上，或隐藏在幽谷之中，或壮观，或奇巧，或神秘，具有很高的观赏性，堪称"丹霞洞穴博物馆"。

水绕丹霞添神韵

泰宁地质公园内水系发育，属闽江上游支流，主要水系有金溪及其濉溪、杉溪、铺溪三条支流，汇集于泰宁。这些水系是描绘泰宁丹霞的柔软画笔，是雕刻洞穴的软刀，它们一点点将平淡无奇的红层改造成人间美景。宽窄不一、动静不同的多种水体景观与丹霞地貌的完美结合，造就了泰宁极其秀美的水上丹霞奇观，碧水丹山是泰宁世界地质公园与其他地质公园的不同之处，也是它的魅力所在。

双峰火山同源生

火山遗迹是泰宁世界地质公园另一重要特色。它保存了 20 余个早白垩世古火山构造遗迹和特殊的火山岩石遗迹，尤其是在公园红层下部发育了一套典型的双峰式火山岩组合。地质学上根据岩浆中二氧化硅含量的不同，将岩浆分为基性、中性、酸性三种类型，它们冷却后形成的岩石也分别属于基性岩、中性岩和酸性岩。双峰式火山岩是由同源地幔岩浆经过结晶分异或同化混染作用、在相同或相近的时空关系下紧密伴生形成的一套具有二氧化硅含量间断的两类火山岩组合。泰宁地质公园的双峰式火山岩形成于特殊的构造环境，它们的岩浆具有同源性，但经过分异后，分别以基性、酸性近乎同时喷发，缺失了中性火山岩。

生物多样有典型

泰宁世界地质公园地处中亚热带山地气候区，区内生物多样性丰富，特有种群较多，是我国也是世界同纬度地区单位面积野生动、

植物资源较丰富的区域之一。公园内有国家重点保护的珍稀濒危植物 30 多种。随地形高低起伏，气候、土壤、植被均呈现一定的垂直变化，自上而下依次分布有中山草甸、中山矮曲林、常绿针阔叶混交林、常绿阔叶林四个垂直植被谱带，这种分布规律在我国东南大陆乃至全球中亚热带都具有典型性和代表性。

自然文化和谐兴

泰宁地质公园属地泰宁县是闽西北的一个古老重镇，素有"汉唐古镇，两宋名城"之美誉，人文历史源远流长，积淀厚重。自北宋以来，文化发达，人才辈出。曾有过"一门四进士，一巷九举人，隔河两状元"的盛况。而地质公园的岩穴文化不仅是泰宁悠久历史的积淀，更是人与自然和谐共生的典型范例。泰宁丹霞洞穴多，为不同文明时期的人们提供了穴居的条件和便利。据不完全统计，目前分布在泰宁境内有人类活动过的大型洞穴近百个，而有人类生活及历史沉淀记载的有 72 个，当地人称"七十二洞"。生于岩穴，葬于岩穴，这里特殊的丹霞洞穴还形成了该地区独特的岩穴棺葬民俗，是泰宁古代丧葬民俗的活标本。这里的寺庙依凭岩壁，顺势架造，不假片瓦，庙宇楼阁镶嵌于丹霞

丹霞拱形洞中的甘露寺（陈金宝 摄）

赤壁之中，建筑的奇巧与自然山川融为一体，红绿相映，浑然天成，精妙绝伦。

泰宁世界地质公园丰富的地质遗迹、优越的生态环境、旖旎的自然风光、神秘的岩穴文化，带动了当地绿水青山向金山银山的转化。地质公园已开发金湖、上清溪、状元岩、九龙潭、寨下大峡谷、红石沟、李家岩、峨嵋峰、泰宁古城、泰宁地质博物苑、金湖大峡谷漂流等多个景区，形成了"湖、溪、城、谷、苑、山、岩、潭"的组合景观体系。规划和开发了耕读李家、豆香崇际、鱼跃水际、鹭嬉南会、花样音山、研学寨下等6个特色"地质村"，推出了"探秘泰宁世界地质公园"科普观光游、"清新福建、静心泰宁"度假观光游、"山海湖楼"福建遗产游、"魅力泰宁"体验游等20个主题线路产品，带动了百姓就业和致富，助推了山区贫困群体的脱贫。

（孙洪艳）

泰宁世界地质公园

凌钺一

红褐熔岩一啸时，侏罗白垩辨留遗。

恐龙不历火山劫，谁主寰球未可知。

11 /

克什克腾世界地质公园

HEXIGTEN

UNESCO
GLOBAL
GEOPARK

克什克腾世界地质公园位于内蒙古自治区赤峰市克什克腾旗境内，整个克什克腾旗行政区域均为世界地质公园，面积20673平方千米。其始建于1998年，2001年经国土资源部批准为国家地质公园，2005年加入世界地质公园网络。

属地克什克腾

克什克腾世界地质公园地处大兴安岭山脉、燕山山脉、浑善达克沙地三大地貌单元的接合部，也是东北植物区系、蒙古植物区系和华北植物区系的交汇区，横跨半湿润、半干旱和干旱气候区。公园西南有中国四大沙地之一的浑善达克沙地，东北与科尔沁沙地为邻，西有中国东北地区新生代九大火山群之一的达里诺尔火山群，东南有丰富的第四纪冰川遗迹，北方有马背民族的祖母河——西拉木伦河从境内起源。独特的地理位置，特殊的地质背景，使得克什克腾世界地质公园地质景观丰富，生态类型多样，历史文化底蕴深厚，是一个集第四纪冰川遗迹、花岗岩地貌、火山遗迹、温泉资源、沙漠、草原、河流与湖泊于一体的综合性地质公园，素有"塞北金三角"美称。

平顶山蜿蜒的花岗岩山脊（武法东 摄）

资源克什克腾

花岗岩景观是克什克腾世界地质公园众多地质遗迹中最引人注目的。这些像花儿一样的岩石形成于距今 1.4 亿年至 1.1 亿年前的侏罗—白垩纪，后随大兴安岭山脉隆升经受剥蚀暴露地表，在长期的日晒、风霜雪雨的雕琢下，形成形态多样、类型丰富的花岗岩景观。既有常见的花岗岩形成的浑圆山体、丘陵岗地，也有花岗岩体形成的高山峻岭等大型地貌，还有在大型地貌体上进一步发育的次级地貌，如风化剥蚀、重力崩塌等形成的青山花岗岩峰林地貌、球形风化等形成的花岗岩石蛋象形石，更有世界罕见的花岗岩石林地貌以及一种发育于平坦花岗岩山顶的花岗岩岩臼地貌。

克什克腾世界地质公园南部平顶山地区花岗岩地貌为刃脊—角峰—古冰斗组合，陡峻如刀刃的山脊蜿蜒曲折，尖棱的山峰直冲云霄，刃脊、角峰缠缠绕绕，形成围椅状的凹地即为冰斗。中部黄岗梁群山中则以 U 形谷、终碛堤、侧碛堤为特色。北部北大山阿斯哈图石林沿山脊展布，也能依稀看出刃脊—冰斗组合。

因水平节理发育，阿斯哈图石林的花岗岩呈现分层性，这一罕见特征如何造就至今仍没有定论，也决定了花岗岩石林的世界独特性。"阿斯哈图"蒙古语意思是"险峻的岩石"。阿斯哈图石林犹如远古时人工建造的城堡，平地突起，峥嵘险峻，沧桑破败，也如万千骏马昂扬顿挫奔入眼底。近看则千姿百态，如塔、如笋、如人、如兽，呼之欲来，趋之欲动，像人工刻意雕琢，使人惊叹于大自然的鬼斧神工。

青山地区山坡上分布的花岗岩峰林景观多由各个孤立的峰柱构成。尤其是受花岗岩体中倾斜相交节理的影响，使得峰林的峰柱下部比较粗、浑圆，向上逐渐变窄，峰柱顶部多有个单独的石蛋。各个单独的峰柱自由组合，形成各种独特的造型景观，有的形态如臃肿的企鹅，有的如垂髫老者，有的如巨鹰昂首，有的如菩提伏地。在青山之巅，还有一种镶嵌于花岗岩体之中的凹穴、凹坑地貌，即岩臼。岩臼在平面上一般为椭圆形、圆形、匙形、梅花形、蝌蚪形或不规则的半圆形等，肚大底平坦或呈锅状微凹是其最为显著的特征之一，故当地人将这些岩臼称为"九缸十八锅"。

从地质公园中部由西向东横贯公园的西拉木伦河起源于浑善达克沙地之中，全长380千米。这条河不仅是大兴安岭山脉与燕山山脉的地貌分界线，也被认为是西伯利亚板块和中朝板块拼合的地方。沿河发育的西

阿斯哈图石林——三结义（武法东 摄）

青山花岗岩岩臼（武法东 摄）

西拉木伦河阶地（武法东 摄）

拉木伦河深大断裂带向东沿西辽河延伸至吉林省东部，向西经达里诺尔、温都尔庙、白云鄂博北而没于戈壁沙漠，可能与中天山北缘深大断裂连为一体，是一条长期活动的深大断裂带。在西拉木伦深大断裂带两侧发现的南北两条蛇绿岩带以及其他地质学上的证据记录了板块拼合、内蒙古—燕山造山带的演化历史，对研究中国北方构造演化和区域找矿具有重大的意义。

在西拉木伦河两岸以及达里湖西岸，分布有大量的新生代火山地质遗迹。现存有数十座大大小小的火山锥，部分锥顶之上保存

有完整的古火山口；火山喷发出的熔岩在湿地上流动，由于水的冷却作用等，在草原上留下了一个个碗碟状的喷气碟；公园内还保存有火山熔岩形成的典型玄武岩柱状节理以及大量的微观火山地貌。这些火山遗迹与草原风光互相点缀，既是优美的自然风光，也是中新世早期至中更新世晚期多次火山活动的记录档案。

生态克什克腾

从克什克腾世界地质公园的东北向西南，

随着地势由高变低，逐渐形成了林地→草原→湿地→沙地生态系统。林地生态系统主要分布于大兴安岭南段的黄岗梁山区，春夏秋冬，天然森林景观、白桦和山杨丛林景观、针阔混交疏林草地景观及山地草甸景观交织错落，层层叠叠，更有珍禽异兽点缀，天然美景，尽收眼底。贡格尔草原和乌兰布统草原组成了草原生态系统，盛夏时节百花盛放、牛羊成群是其最美的风景。在公园的西南是以浑善达克沙地为骨架的沙地生态系统，稀树疏林、沼泽草甸点缀其间，隐没了沙地痕迹。湿地生态系统的不同亚类在以上三大系统中各有分布，内蒙古第二大内陆湖达里湖为封闭式半咸水湖，盛产鲫鱼和瓦氏雅罗鱼，既是渔业基地，也是开展水上娱乐活动的最佳选地。它和岗更诺尔湖、多伦诺尔湖一起

镶嵌在一望无际的贡格尔草原上，由一条条河流形成的银色飘带串联起来，为贡格尔草原戴上了一条美丽的项链。全长17千米的耗来河是河流湿地中最为特殊的一条河，最窄处只有6厘米，被誉为世界最窄河流。由于各系统中均有其特有的动植物资源，且彼此重叠和交汇，使得这里的遗传基因也多样化。特别是白音敖包沙地上生长的3.8万亩原始沙地云杉林，是世界上同类地区尚未发现的稀有树种，被誉为"沙地奇观""植物大熊猫"。

文化克什克腾

克什克腾世界地质公园所在地克什克腾旗历史悠久，民族文化灿烂。沿西拉木伦河

中国地质大学（北京）团队调查克什克腾火山喷气碟（2004.7.17）

贡格尔草原（武法东 摄）

那达慕大会（克什克腾世界地质公园 提供）

两岸阶地上孕育了红山诸文化（兴隆洼、赵宝沟、小河沿、红山文化）、草原青铜文化（夏家店下层、夏家店上层文化）、契丹辽金文化、蒙元文化、满清文化五大文化体系。蜿蜒的百岔河两岸岩壁上刻画了200多幅岩画，记录了先民们的生产、生活、宗教民俗活动方式等，被史学家称为"百里画廊"。金长城遗址、乌兰布统古战场、应昌路遗址等印证了克什克腾重要的军事地理位置和光辉灿烂的历史历程。如今，彪悍勇敢的马背上的民

温泉镇（克什克腾世界地质公园 提供）

族蒙古族仍是克什克腾的主体，他们居住的蒙古包、运输用的勒勒车以及他们独特的民族服饰、传统的饮食文化都是吸引游人的旅游产品，还有为庆祝丰收而举办的草原盛会那达慕，也是重要的文化旅游资源，地质公园因为这些光辉灿烂的民族文化而更具魅力，这些光辉灿烂的民族文化也因为地质公园的建设将会更加发扬光大。

（孙洪艳）

克什克腾世界地质公园

凌钺一

休言大地太坚顽，融罢冰川风又还。

鸿雁去来不胜计，石林错落出苍山。

12 /

兴文世界地质公园

XINGWEN

UNESCO
GLOBAL
GEOPARK

兴文世界地质公园位于四川省宜宾市兴文县，地处宜宾市东南部，距成都市400千米，距重庆市300千米，距泸州市103千米。地质公园属地交通便利，公路、铁路、航空和水运四位一体，构成了四通八达的立体交通网络。地质公园由小岩湾园区、僰王山园区、太安石林园区和凌霄城园区组成，面积156平方千米。2004年被批准为国家地质公园，2005年被批准为世界地质公园网络成员，之后成为联合国教科文组织世界地质公园。

兴文世界地质公园地处四川盆地南部与云贵高原过渡带。地质公园内各类地质遗迹丰富，自然景观多样、优美，历史文化底蕴厚重。公园内石灰岩广泛分布，溶洞星罗棋布，石林形态多姿，峡谷雄伟壮观，瀑布灵秀飘逸，湖泊碧波荡漾。特殊的地理位置、地质构造和气候环境形成了石林、天坑、溶洞"三绝共生"的兴文式岩溶地貌，是国内最早对天坑进行研究和命名的地方，也是研究我国西南地区岩溶地貌的典型地区之一。各类地质遗迹与独特的僰族历史文化和丰富多彩的苗族文化共同构成了一幅完美的自然山水画卷。

石芽（石海）——"凝固的波涛"（兴文世界地质公园 提供）

地质遗迹资源

地表岩溶

地质公园内各种类型的石芽、石林极为发育，景观独特。石芽是地表岩溶作用初始阶段的产物，其表面光滑圆润，蜿蜒起伏，有"凝固的波涛"之美称。太安石林的成景地层是约为4.5亿年的上奥陶统，是国内外发育石林时代最早的地层。

小岩湾石林（石芽）发育在大、小岩湾天坑周围，面积约2.2平方千米。石芽一般高1.5米左右，圆润光滑，蜿蜒起伏，形成的茫茫石海，犹如凝固的波涛，层层叠叠，连绵不断。受岩层产状、构造裂隙及地表溶蚀作用等因素的影响，石芽在分布形态上主要呈棋盘式、放射状、平行状及不规则状。

太安石林位于两龙乡南约2千米处，分布面积约8平方千米。石芽群、峰林、峰丛相间分布，发育在瘤状、龟裂纹状灰岩中。与小岩湾石林相比，太安石林在成景地层的地质时代上，比小岩湾石林的灰岩早近2亿年；在石林的形态上，更美观、更多样，特别是由于垂直水流侵蚀、溶蚀形成的似"花瓶状"形态更具观赏价值；在环境上，太安石林掩映在竹林中，与碧绿翠竹交相辉映，

构成"绿色石林"景观，显得更为原始。

岩溶天坑群

地质公园内发育的以塌陷型为主的天坑形态完好，规模巨大，是我国最早发现、最早进行研究的天坑，也是天坑的命名地，具有特殊的意义和科学价值。公园内分布有三个大型天坑：

小岩湾天坑位于石林镇东侧，俗称"天盆"，长625米，宽475米，深248米。小岩湾天坑呈椭圆形，四面绝壁，形如刀劈斧砍。底部为垮塌松散堆积物，整体犹如一个漏斗，形态完整，其规模位居世界岩溶天坑前列。在天坑绝壁半腰还有两个对称的岩溶洞穴，分别与天泉洞和天狮洞相连。

大岩湾天坑位于小岩湾天坑北西侧约400米处。该天坑呈长条形，长680米，宽280米，深110米。该天坑内有两处根基相连、高度在20米以上的巨石巍巍矗立，绿树成荫，枝蔓缠绕，有小径直通顶部。人立于此，天坑全景尽收眼底。

桶星天坑位于樊王山北部桶星村附近，呈狭长条形，近南东向展布，发育于奥陶—志留纪地层中。桶星天坑被后期地表流水改造破坏严重，其形态已保存不全，四壁坡度较缓，表面多土壤化。天坑掩映于广袤的竹

绝壁、天坑（兴文世界地质公园 提供）

海之中，犹如一个竹海盆地，风景秀丽，景色宜人。

地下溶洞群

以天泉洞、天狮洞为代表，大小洞穴200多个。为多层洞穴系统，具有洞穿洞、洞托洞、洞中有洞的特点，构成了地质公园内庞大复杂的地下洞穴群。在地下洞穴系统的完整性、洞穴空间规模和洞内沉积类型的丰富程度等方面，皆居国内已发现洞穴的前列。

天泉洞溶洞群主要分布在顺河、兴曼附近，较大的溶洞有86个之多。世界上很少有洞穴大厅的跨度超过30米，而在天泉洞溶洞群中，洞道跨度超过30米的就有40多个。

天泉洞原名袁家洞，主要发育在中二叠统栖霞组和茅口组石灰岩中。前洞口位于梅岭之北悬崖下，后洞口位于小岩湾漏斗东侧绝壁半腰。天泉洞规模巨大，结构复杂。主洞及大小支洞总长约4.2千米，顶、底最大高差达69.68米。洞穴结构为多层树枝状，由下而上可分为四层，其中第三、四层是游览观赏和研学观摩的洞穴。第一、二层属待开发的旅游探险洞穴。

僰王山飞雾洞溶洞群位于僰王山北侧峡谷中，发育在志留纪薄层状灰岩与薄层状泥灰岩的互层中。该洞穴群主要包括吊洞、牛胎洞等，多为流入型洞穴系统，也属多层次洞穴群，但伏流洞穴较发育，典型代表为飞雾洞。飞雾洞又名道洞，位于飞雾谷中部，洞底平坦，洞内伏流四季长流。该洞为溶蚀峡谷残留的伏流洞穴。落水洞北、西、西南侧为绝壁陡崖，薄层泥灰岩和泥岩相间构成了"千层岩"，气势雄伟。

峡谷瀑布

在地表水、地下水和重力的共同作用下，碳酸盐岩地层常沿构造破碎带形成许多深切的"V"形峡谷，甚至是"一线天"的绝壁地貌，构成了公园内山原宽阔、峡谷纵深的地貌特点。地质公园的瀑布有两种类型，一是河流溯源侵蚀形成的瀑布，二是落水洞形成的瀑布。水流从上倾泻而下，震耳欲聋，水雾漫天，彩虹道道。

"一线天"峡谷位于石林镇西约4千米的顺河沟。峡谷全长3.5千米，沿南北向延伸，两壁对峙，峡谷顶部与底部几乎等宽，有的地段顶部甚至比下部还狭窄。峡谷平均深130多米，宽5至10米，顶部最窄处仅有3米。峡谷两壁植被覆盖，树根藤枝缠绕。谷底滚石遍布，时有猴群等动物出没。兽吼鸟鸣，更增添了峡谷的神秘气氛。

飞雾谷位于赕王山腹部，呈近南北向展布，全长约1.2千米，峡谷两岸遍布桶竹，景色优美，环境幽雅。飞雾瀑布位于峡谷中部。沟内四季流水不断，沿裸露的地层下跌，形成了"三泉叠瀑"等水体景观。北段位于飞雾瀑布下游，以地势平缓、沟谷宽缓为特点，属于初期发育阶段的溶蚀峡谷地貌，峡谷内的凹陷之处为地下岩溶洞穴垮塌或洞穴陷落而成。峡谷底部宽缓、平坦，谷底常形成许多大小不一的溶蚀坑，峡谷口与龙潭峡谷合为一处，形成一绝壁，高约150米，瀑布飞流而下，气势磅礴。

生态景观

特殊的地质、地理条件和气候条件孕育了良好的生态景观。地质公园内有国家级保护植物7种，省级保护植物10余种；有国家级保护动物11种，省级保护动物14种。此外，这里还特有利川齿蟾（玻璃鱼）等洞穴两栖类动物。

地质公园以多条河流、岩溶地貌及地下暗河构成的小流域系统，与半湿润亚热带常绿阔叶林和常绿落叶阔叶混交林为代表的植被群落、野生动物及土壤一起，构成了典型的亚热带湿润季风区的喀斯特生态系统。以小溪、叠水瀑布和俊秀挺拔的翠竹等共同构成了优良的生态系统，其中以赕王山和凌霄山最具代表性。

地质公园内保存了数万株植物"活化石"——桫椤。桫椤最初出现在距今约三亿

龙潭沟瀑布（兴文世界地质公园 提供）

灵霄山桫椤（兴文世界地质公园 提供）

苗族歌舞文化（兴文世界地质公园 提供）

多年前的石炭纪，它们的生存需要温暖湿润的气候条件。在凌霄山的龙塘沟桫椤成片分布，有2万余株，最大的树干直径约20厘米，高逾8米。桫椤是十分珍贵的孑遗植物，兴文地质公园是中国为数不多的分布地之一。

历史文化

兴文县历史悠久，各个时代的人类活动遗址较多，其中最为著名的是僰族。僰族号称"中国第57个民族"，公园内至今保留了许多僰人的遗物或遗址，如僰人悬棺、僰人墓群、凌霄古城、大小寨门、石刻符号、铜鼓等，可以让人们从不同的侧面了解神秘的僰族人的生活。

兴文是四川省苗族集中聚居的县。千百年来，苗族等少数民族在这里生活，自然风光、地质遗迹、人文历史等已融入人民生活的方方面面，形成了多姿多彩的民族文化与传统。民间传说、诗歌、舞蹈、节庆等无不反映了少数民族久远的历史渊源。许多美丽的传说至今流传在民间。体现民族文化的主要内容有独特的民间艺术加工与民族工艺服饰文化，喜迎接送的盛大礼仪和热情好客的苗族习俗，踩山节，优美动人的民族舞蹈，悠扬甜美的芦笙曲等。

（武法东）

兴文世界地质公园

凌钺一

惟从鱼骨想汍澜，一洞岩林曰碳酸。
桑海真如菌蟪尔，桫椤亿岁守层峦。

13 /

泰山世界地质公园

TAISHAN

UNESCO
GLOBAL
GEOPARK

　　泰山世界地质公园位于山东省中部泰安市境内，总面积418.36平方千米。1982年，泰山被列入第一批国家级风景名胜区。1987年，泰山被联合国教科文组织批准列为中国第一个世界文化与自然双重遗产；2002年，泰山被评为"中华十大文化名山"之首；2005年，泰山成为国家地质公园；2006年，泰山因其独特的地质价值，成为世界地质公园。

　　泰山世界地质公园位于泰安市，它北依山东省省会济南，南临儒家文化创始人孔子故里曲阜，东连瓷都淄博，西濒黄河。泰安市交通便利，公路、铁路、航空和水运四位一体、四通八达。京沪高速、京台高速、济泰高速、泰博高速纵贯境内；京沪线穿境而过，西接京九线大动脉，设泰山、泰安两站；航空上有离泰安市最近的济南遥墙国际机场；水运可乘轮船到青岛、烟台、威海、日照等沿海城市，再转乘其他交通工具即可到达泰安市。

岩岩泰山 五岳独尊

　　泰安市因泰山而得名，"泰山安则四海皆安"，寓国泰民安之意，城区位于泰山脚下，依山而建，山城一体。泰安市于1982年被国

五岳独尊（王田至 摄）

务院列为第一批对外开放旅游城市。

资源特色

泰山世界地质公园地处华北平原的东侧，处于沂沭断裂带以西，齐河—广饶断裂带以南的鲁西地区，是鲁西中新生代泰山断块凸起的重要组成部分，是华北地台的一个次级构造单元。泰山地质公园有着漫长的地质演化历史和复杂的地质构造，是中国太古宙—古元古代地质研究的经典地区之一，拥有众多重要而典型的地质遗迹，主要有典型的前寒武纪地质、闻名的地层、壮观的构造、多彩的水文景观。

岩石遗迹

泰山的太古宙—古元古代侵入岩分布十分广泛，占泰山主体面积的95%以上，是泰山极为重要的地质体。侵入岩的岩性从超基性、基性到中酸性都有，但以中酸性的花岗岩类和闪长岩类为主。侵入岩体的规模大小不一，岩体的展布方向以北西向为主，多与区域构造线方向一致。太古宙—古元古代侵入岩的成因机制复杂，岩浆演化的多阶段性和侵入岩的多期次性十分明显。

桶状构造

在红门的东北沟涧内，出露有一条黑绿色的辉绿玢岩岩脉，其中发育有许多大小不一横卧的圆柱体，从柱体的横断面上看，它由很多同心圆状的环圈和一个内核所组成。这些圆柱体状若群狮伏地而卧，也像堆垒着的汽油桶，故称"桶状构造"。在沟东有一状如火车头的平卧圆柱体，断面朝西，直径2.3米，其内核上刻有"醉心"二字，据传当年孔子曾在此饮酒赏景，为奇石和美酒所陶醉，故名醉心石。其南侧的圆柱体上有明代泰安州事应甲题字和范广所书的"小洞天"三字，意为仙境。

泉 瀑

雄伟的泰山，因地形对水汽的抬升作用使降水量增加，因地高气爽使蒸发量减少，在山腰以上区域形成了我国北方很少有的湿润气候，为泉瀑景观的产生提供了水源条件。多数泉瀑雨后水丰，久旱渐枯。泰山因山势陡峭，切割强烈，具有成瀑的地貌条件；因其岩体基本上都是花岗片麻岩类，裂隙发育，透水性差，形成了"山高水也高，清泉随山长"的景观。

桶状构造（江敦国 摄）

水漫彩石溪（曹伟星 摄）

拱北石（许斌 摄）

地质地貌

泰山的新构造运动非常普遍和强烈，以垂直升降运动为主，阶段性和间歇性十分明显，对泰山的山势和地形起伏以及各种侵蚀地貌景观起着直接的控制作用。在新构造运动的影响下，泰山的侵蚀切割作用十分强烈，地势差异显著，地形起伏大，地貌分界明显，地貌类型繁多，侵蚀地貌特别发育。泰山的总体地势呈北高南低、西高东低的特点，泰山主峰呈南陡北缓的态势。新构造运动造就了泰山拔地通天的雄伟山姿，形成了不同类型的侵蚀地貌以及许多深沟峡谷、悬崖峭壁和奇峰异景，塑造了众多奇特的微地貌景观，如三级夷平面、三折谷坡、三级阶地、三级溶洞、三叠瀑布等。此外，泰山不断间歇性抬升，形成了诸如壶天阁谷中谷、后石坞石海和石河、岱顶的仙人桥和拱北石、扇子崖等许多奇特怪异的地貌景观，为雄伟的泰山增添了不少奇观异境，构成了泰山雄、奇、险、秀、幽、奥、旷兼有的综合景观。

仙人桥（陈铟 摄）

自然文化

泰山历史悠久，精神崇高，文化灿烂，泰山的历史文化是整个中华民族历史文化的缩影，这是泰山区别于中国乃至世界上任何一处地质公园的特征所在。

历代帝王封禅和朝拜泰山，载入史册的是从秦始皇开始，先后有十二位皇帝到泰山登封告祭，这是世界上独一无二的精神文化现象。帝王封禅大典的兴起，促使泰山宗教相继发祥，更是融道教、佛教、儒教于一体。

与此同时，文人雅士观光览胜，吟诗作文。从春秋时期的孔子到建安七子之一的曹植，再到李白、杜甫、苏轼、元好问、党怀英、萧协中、姚鼐，又到近现代的郭沫若、徐志摩等，都曾登临泰山，吟诗作赋，留下大量传世佳作，成为中华民族文化宝库的重要组成部分。泰山的古建筑融绘画、雕刻、山石、林木为一体，具有特殊的艺术魅力，是顺应自然之建筑典范，以及代表中国历代最高书法艺术的石刻等，是任何名山无可比拟的，都是中国乃至世界历史文化不可多得的瑰宝。

岱庙宋天贶殿（万庆海 摄）

唐摩崖（范宏亮 摄）

泰山十八盘（王长民 摄）

岱庙，又称东岳庙，始建于汉代，历代不断拓建，占地近 100000 平方米。其主体建筑"宋天贶殿"形象巍峨，与北京故宫的太和殿、曲阜孔庙的大成殿一起，被誉为中国的三大宫殿式建筑。泰山顶上的碧霞祠始建于宋代，明代重修，布局合理、结构严谨、铜瓦覆盖，堪称奇绝。

泰山是一座天然的石刻艺术博物馆，它记录着中华民族历史长河中的政治风云，铭刻着志士仁人的抱负理想，抒发着文人墨客豪壮的赞歌，也是中国书法艺术的宝库。泰山上下，石刻遍布，现存 1800 余处。泰山石刻主要分为碑碣、摩崖、楹联三大类。泰山石刻 2200 余年延续不断，为天下名山所仅见。

（王璐琳）

临江仙·泰山世界地质公园

褚宝增

绝美集成大美，时间雕刻空间。休分天上与尘寰。始知心所想，皆会有根源。划入莲花境域，缔结圣米情缘。做强致远令名悬。复凭国力盛，朝凤已当然。

14 /

王屋山—黛眉山世界地质公园

WANGWUSHAN-DAIMEISHAN

UNESCO
GLOBAL
GEOPARK

王屋山—黛眉山世界地质公园位于中国太行山南麓，跨越黄河两岸，分布于河南省济源市和新安县境内，由王屋山和黛眉山两个国家地质公园的部分区域整合而成，总面积986平方千米。王屋山、黛眉山分别于2003年、2005年被批准为国家地质公园；王屋山—黛眉山地质公园2006年加入世界地质公园网络，2015年成为联合国教科文组织世界地质公园。

王屋山—黛眉山世界地质公园在地貌上构成了一个完整的区域，其特征是两山夹一盆，南部是黛眉山，北部是王屋山，中间是王屋盆地，盆地南缘和黛眉山地的过渡部位是滔滔东流的黄河，王屋山、黛眉山、黄河共同构成了大山大河的锦绣画卷。

公园的大地构造位置位于华北陆块南缘。太古宇、元古宇、古生界、中生界和新生界地层云集于此，记录了这里亿万年沧桑演变，尤其是前寒武纪发生在王屋山地区的中条运动和王屋山运动等地质事件和新生代发生在八里峡—三门峡的黄河贯通事件等，对追溯整个华北陆块乃至全球的地质演化历史具有重要意义。

王者之山——王屋山（王屋山世界地质公园 提供）

王者之山

王屋山翘首黄土高原，俯瞰中华母亲河，雄视华北大平原，有"擎天地柱"之称，王屋山以其山形若王者之屋而得名。

王屋山作为名冠华夏的千古名山，在地质学上也具有重要意义。王屋山较为完整地出露着太古宙、元古宙、古生代、中生代、新生代五个地质历史时期的沉积和构造——热事件的序列产物，清晰地保存着发生在距今25亿年、18亿年、14.5亿年、8.5亿年分别被命名为"嵩阳运动""中条运动""王屋山运动"和"晋宁运动"的四次前寒武纪造山、造陆运动所形成的角度不整合接触界面及构造形变遗迹。

地质学家认为，距今25亿年至16亿年是地球早期地壳演化的关键时期，从微陆块的形成到超大陆的聚合、裂解，是当今地学研究的国际性热点。王屋山地区从阳台宫到天坛峰再到王母洞，发育了一条反映华北陆块南部25亿年至14亿年地质构造演变的完整剖面。距今25亿年至14.5亿年之间，这里的环境为华北古大陆边缘的中条山—王屋山人字形三叉裂谷，以中条山命名的中条运动是一次哥伦比亚超大陆（距今20亿年至15亿年）形成的聚合事件，使得裂谷开始闭合，这次事件导致王屋山地区早期的岩层发生强烈的褶皱变形，形成一系列北西—南东向的倒转褶皱；以王屋山命名的王屋山运动导致了这条三叉裂谷最终闭合。覆盖在西阳河群古火山岩和新太古界林山岩群之上的小沟背组砾岩，是华北陆块上最老的河流砾岩，向人们述说着王屋山的沧海桑田历史。

王屋盆地发育的中三叠—中侏罗地层是一套完整的河流—河口三角洲—浅湖—深湖相沉积序列，是研究古生代末期到中生代中期华北陆块南部古地理、古环境、古气候变化的典型地区。

仙山黛眉

黛眉山以其独特的地质地貌和美丽的自然景观著称。这里的山峰险峻，峡谷幽深，瀑布飞流，绿水环绕，构成了一幅幅美丽的山水画卷。黛眉山由厚达820余米的中元古界紫红色石英砂岩构成，在新构造运动背景下经流水深切形成红岩嶂谷群地貌。在这些紫红色岩层中，分布有波痕、泥裂、交错层理等沉积构造遗迹多达数百种，是反映距今12亿年前后华北古海洋沉积特征的天然博物馆。

受新构造运动的影响，在现今黄河流经

地带发育一条大断层，断层北部抬升成王屋山，南部则抬升为黛眉山。新构造运动使得黛眉山紫红色砂岩中裂隙发育，流水极易沿裂隙发育成河流。在河流下切过程中，河水所携带的砂石不断磨蚀河床，尤其是在有一定地势落差地段，这种磨蚀作用最强，在河床底部形成壶穴，进一步扩大则可能成为深潭，使得河床不断下降，形成优美的峡谷风光。在地质公园内的龙潭峡，这种现象非常典型，河流沿着岩层裂隙下切，形成狭窄深谷，谷底壶穴、深潭时有分布，跌水、瀑布间或出现，形成独特的河流地貌景观。

龙潭峡壶穴谷（王屋山世界地质公园 提供）

小浪底龙凤峡风光（王屋山世界地质公园 提供）

黄河之珠

王屋山和黛眉山之间的黄河是万里黄河上最璀璨的明珠。

在距今 500 万年至 260 万年之间，王屋山地区是一处平缓起伏、相对高差不大的夷平面，早期的黄河沿盆地南侧的黄河大断层溯源侵蚀贯通，形成黄河八里峡。

八里峡乃黄河贯通的重要节点，由于八里峡在 120 万年前的贯通，导致垣曲湖盆地湖水外泄，而形成今天的万里黄河。八里峡是黄河全程和王屋山世界地质公园重要的、具有特殊科学意义的地质遗迹景观。

因为黄河在此段从中国地势的二级阶梯下落到三级阶梯，落差大，加之流经黄土高原携带大量泥沙进入河水中。为有效治理黄河和利用黄河，沿河修建了多座水库。小浪底水库的建成，在公园内形成面积达 168 平方千米的万山湖，使得地质公园水体景观更加丰富且秀丽。

愚公移山

王屋山—黛眉山因愚公移山而闻名于世，愚公移山精神是古代劳动人民开发自然、改造自然的美好愿望；亘古及今，勤劳智慧的

小沟背女娲文化节（王屋山世界地质公园 提供）

王屋山研学教育（王屋山世界地质公园 提供）

王屋山—黛眉山黄河三峡（张忠慧 摄）

华夏儿女，在愚公精神的鞭策下，创造了一个又一个奇迹，特别是黄河小浪底大坝工程震惊世界。

"山高水长，物象千万，非有老笔，清壮何穷。"这是1400年前一代诗仙李白对王屋山的高度概括。今天的王屋山—黛眉山依然是李白老先生的笔下诗画。

悠久的地质历史，留下了丰富的地质遗迹。王屋山地区有岩浆岩、沉积岩和变质岩三大岩类数百种岩石。这里的砂岩地貌、岩溶地貌、黄土地貌等多姿多彩，大银杏树 2000 余年枝繁叶茂；千年古槐留下了七仙女的动人传说；黛眉山高山草甸的总面积近百万平方米。王屋山地古灵多，人文历史主线可追溯到 10000 年以前，这里有传说中的"盘古开天""黄帝祭天"和"愚公移山"。

王屋山、黛眉山与黄河有着解不开的缘，王者气势的天坛山、红岩碧水的黛眉山、十里画廊的八里峡、风光旖旎的小浪底、17 亿年前的古火山、华北最古老的大河遗迹、底蕴深厚的构造剖面、领先世界的遗迹化石构成了这一处内涵丰富的天然地质画卷——中国王屋山—黛眉山世界地质公园。

位于王屋山脚下的王屋山—黛眉山世界地质公园博物馆，充分展示了地球的演化、生命的进化和王屋山地质历史变迁。如今的王屋山—黛眉山世界地质公园博物馆已经成为著名的地质科普研学教育基地。

（田明中　孙洪艳　张忠慧）

王屋山—黛眉山世界地质公园

薛思雅

踏月追云藏圣手，仙风道骨伫中原。
神工鬼斧陈博物，奋笔疾书写变迁。
地质史家留浩卷，人间往事刻佳篇。
愚公代代无穷匮，眉后贤德万古传。

15 /

雷琼世界地质公园

LEIQIONG

UNESCO
GLOBAL
GEOPARK

雷琼世界地质公园由广东湛江的雷州半岛（雷）和海南的海口（琼）组成，是中国最南端的世界地质公园，总面积为3050平方千米。2006年成为世界地质公园网络成员，2015年成为联合国教科文组织世界地质公园。

雷琼世界地质公园地处热带至南亚热带过渡区，海洋性季风气候。区内最高海拔222.8米。珍稀植物、动物丰富，环境优越，被称为"中国热带火山生态博览园"。雷琼地区总人口约1600万，雷琼文化的构成有獠俚土著文化、闽南中原文化、流寓文化等，形成了石狗图腾文化、换鼓文化、舞狮文化、雷剧琼剧文化、苏东坡等名士名相流放带来的文化等等，是众多文化的交汇处，是史前文化、岭南文化的重要组成部分。

板块交汇带　地质构造多样性

就全球大地构造位置而言，雷琼世界地质公园位于太平洋板块、印度洋板块和欧亚板块的交汇带。地质历史上雷、琼曾经连成一片，从距今约3000万年开始，其间发生东西向的断陷下沉形成雷琼裂谷，海水涌入断陷区形成琼州海峡，雷州半岛与海南岛从此隔海相望。伴随雷琼裂谷和琼州海峡的形成，

雷州石狗（雷琼世界地质公园提供）

马鞍岭火山（雷琼世界地质公园 提供）

公园地区火山频发，前后11期的火山喷发，造就了公园广阔的玄武岩台地、中部与南部丰富的火山地貌，具有丰富的火山地球科学特征，是中国第四纪火山的重要代表，也是为数不多的活火山（距今8000年至10000年）分布区。该地质公园的火山遗迹是三大板块相互作用、南海盆地扩张、雷琼裂谷发生与演化的重要记录，是陆缘裂谷型火山带的典型代表，具有极重要的全球性大地构造学意义。

沿海峡两岸，受海洋地质作用的影响，形成了一系列海蚀地貌与海积地貌景观，对研究海岸变迁和演化也具有重要价值。

丰富多彩的火山遗迹

雷琼世界地质公园处于雷琼裂谷火山带分布区，火山岩几乎遍布地质公园。火山带共有火山175座，海口占101座，湛江74座，使得该地成为全球火山分布中的独特景观之一。其第四纪（距今260万年）火山岩分布面积、火山数量在我国第四纪火山带中占首位。不仅有岩浆喷发的火山，而且有岩浆与近地表水相互作用形成的蒸气岩浆爆发。晚

鹰峰岭涌流凝灰岩锥（雷琼世界地质公园 提供）

更新世蒸气（射气）岩浆爆发形成玛珥火山（低平火口），而中更新世、全新世则以夏威夷式岩浆喷发和斯通博利式岩浆喷发形成盾火山（盾片状火山）和碎屑锥。后者包括降落碎屑锥、溅落锥和混合锥。公园内火山单体小，但数量多，它们在空间上、时间上先后叠置或同期并列，形成多样性火山地貌。

公园内保存并出露清楚典型、揭示火山类型与喷发方式的岩相剖面：复合玄武岩熔岩流动单元剖面、溅落锥剖面、降落锥（岩渣锥）剖面、混合锥剖面、玛珥火山凝灰环岩相剖面、玛珥火山湖沉积物剖面等。

熔岩流动单元与结构清楚、典型，熔岩冷却过程中形成的熔岩柱状节理发育完整。熔岩流中有具高流动性的结壳熔岩，其形态奇特，发育绳状、褶皱状、爬虫状、面包状、瘤状、木排状、珊瑚状等结壳熔岩构造形态。低流动性熔岩则呈渣状、锯齿状构造和岩块焊接的块状构造。熔岩流动单元与多种熔岩构造，指示熔岩流的流动速度、温度及冷却速度以及岩浆黏度等物理学参数的变化。公园内熔岩隧道极为发育，全区共有30多条熔岩隧道。其数量之多，地质景观之丰富是罕见的。发育于熔岩流上部气孔带与中部致密带之间，大型熔岩隧道（1000 米至 2000 米）3 条，最长约达 2700 米；中型熔岩隧道发育于致密带，长数百米，有 8 条；小型熔岩隧道数量更多。

因此公园内火山地质遗迹具多样性、系统性、典型性，在国内外同类地质遗迹中是优秀的、罕见的，是名副其实的第四纪火山的天然博览大观园。它几乎涵盖了玄武质火山岩浆作用形成火山的所有类型，特别是蒸气岩浆喷发火山与岩浆喷发的火山共存一区，这对于研究火山作用过程和古环境具有重要的科学意义。

数量众多的玛珥湖

"玛珥"这个名词源于拉丁文"Maar"，早期是德国莱茵地区的居民对当地小的近圆形的湖泊或是沼泽的称呼。到了 1921 年，科学家们在德国埃菲尔地区考察发现，原来这种湖泊都是由炽热岩浆和冷水相互作用发生的蒸气岩浆爆发形成的一种特殊火山口湖，因此地质学上将"玛珥"这个词作为此类火山口湖的名称。在雷琼世界地质公园内，以湖光岩为代表的这种玛珥湖数量众多。

湖光岩玛珥湖形状近似圆形，湖面海拔高约 23 米，由东西两湖组成，湖面面积约 2.3 平方千米，最大水深约 22 米。湖面平如镜，湖水清澈透明，故有"镜湖""广东最美丽的湖泊"之称。玛珥湖湖底沉积物对气候变化非常敏感，是记录湖泊区气候和人类活动等多种信息的原始档案，湖光岩玛珥湖是全国乃至全球研究最为详尽的湖泊之一，从这里得到的研究成果，发表了 50 多篇论文，为探讨亚洲季风、热带台风及全球变化提供了宝贵的资料，具有重要的科学研究意义。

湖光岩玛珥湖形成于 14 万年至 16 万年前，属于第四纪晚更新世火山，是由地下的炽热岩浆与地下水相遇的过程中产生高温高压，直接冲破松散沉积盖层，发生猛烈爆炸，形成了两个火口坑，并积水成湖，同时接受沉积，四周堆积了高大的火山碎屑岩环。之后，随着地壳的不断隆起，湖光岩玛珥湖经历了较长时期的外力侵蚀作用，火山碎屑岩环出现了残缺，两个玛珥间岩墙逐渐变低，以至于外观上看似一个玛珥湖，由此形成了今天我们所看到的四山围一湖的地貌景观。

琼州海峡

琼州海峡是我国三大海峡之一，其东西长 80.3 千米，南北最大宽度 33.5 千米，最窄

七十二洞熔岩隧道（雷琼世界地质公园 提供）

湛江园区玛珥湖（雷琼世界地质公园 提供）

罗经盘干玛珥湖（雷琼世界地质公园 提供）

处 19.4 千米。在地质公园范围内的琼州海峡海域面积为 335 平方千米。海峡海水的透明度约 5 米，盐度数值为 30，年平均温度 25℃至 27℃。海峡南北较浅，中部最深，南北横切面大致呈"V"字形构造。海峡水生生物丰富，拥有珊瑚数十种，鱼类 400 余种。同时，琼州海峡不仅是连接湛江园区与海口园区的枢纽，也是连接海南岛与大陆的交通咽喉。

生态系统多样性

广布、多样的火山岩造就了公园独特的地质地理环境，与热带至亚热带过渡区的气候一起，孕育了优良的生态环境及野生动植物。这里生态系统多样，涵盖了海洋、陆地等多个生态类型。地质环境为生态学研究提供了丰富的实例，凸显了地质与生态的紧密联系。公园地区是候鸟、旅鸟迁徙东南亚、印度半岛的中转"驿站"。公园拥有热带雨林、红树林等多种植被类型；植物 1200 余种，鱼类 400 余种，珊瑚数十种。

温暖湿润的气候与肥沃的土壤使这片土地生机盎然，历史文化底蕴深厚。自新石器时代人类就在这里活动，汉代"海上丝绸之路"始发于此，在公园内留下大量新石器时代遗址及多时期古民居等文物古迹。千百年来人们与火山遗迹和谐共生，形成了独特的火山文化。人们利用火山玄武岩修屋建房、制作生活用具。将火山岩风化形成的红土耕作成五彩斑斓的火山田园，种植着香蕉、龙眼、菠萝蜜、荔枝、咖啡等大量热带农作物，这里自古便被认为是物产富饶之地。

火山创造了这个独特的地质公园，处处留下了人类保护自然、利用自然、与自然和谐的印记。

（田明中　孙洪艳）

玉楼春·雷琼世界地质公园

张鑫明

深池水浸深红屑，浴火流光生复灭。前尘刻印海中花，往事沉眠诗与月。
三千劫后星如血，梦与歌哭殊未绝。人潮时序俱匆匆，风雨如刀苍石裂。

16 /

房山世界地质公园

FANGSHAN

UNESCO
GLOBAL
GEOPARK

房山世界地质公园位于首都北京西南部，总面积 1045 平方千米，是一个集古人类和古生物、北方地表岩溶地貌、地下岩溶洞穴、燕山型陆内造山遗迹和丰厚的人文积淀于一体的综合性世界地质公园。房山地质公园于 2006 年正式加入世界地质公园大家庭。

地灵人杰 物华天宝

房山世界地质公园地处太行山与燕山山脉的交汇处，中国第二级阶梯向第三级阶梯过渡地带，属温带半湿润大陆性季风气候，四季分明。年平均气温 10.8℃（山区）至 11.8℃（平原），最高气温在 31℃以上，最低气温在零下 18℃至零下 17℃之间。

房山世界地质公园山明水秀，地灵人杰，林树郁茂，果株滋荣，文化底蕴丰厚，自古以来就是文人名士荟萃之地。从春秋战国时期的政治军事家乐毅，到唐代著名的苦吟诗人贾岛，从元代的大艺术家高克恭，到民国时期的文人邱雪樵，一代代文人志士，在这块神奇的土地上留下了无数可歌可泣的壮美诗篇。

地质公园内山场宽阔，草丰林茂，气候适宜，为野生动物的栖息、繁衍提供了优越的自然条件。地质公园内植物属华北植物系

周口店遗址（郝丹萌 摄）

落叶阔叶植被区，野生植物发育有 80 科、259 属、409 种。其中，有国家一级保护植物——银杏；有国家二级保护植物 3 种——野大豆、黄檗和紫椴；被《濒危野生动植物国际贸易公约》收录的植物有 17 种，均为兰科植物。

资源特色

房山世界地质公园是全球第一家位于首都城市中的世界地质公园，特殊的地理位置、独特的地质构造、优良的生态环境、适宜的气候条件和悠久的历史文化形成了公园内集地层、岩石、地质构造、地表岩溶地貌、地下溶洞地貌和人文景观于一体的地质遗迹景观。公园内地质遗迹类型多样，自然风光优美，人文历史悠久，是进行地质科学研究和科学知识普及的天然教学场所，是旅游、休闲、度假的胜地。

房山世界地质公园是中国地质工作者的摇篮。数万名地质专业的师生在这里教学、实习，上千位地质学家从这里启程迈上科学的巅峰。新中国第一部《地质辞典》在这里诞生，许多地质术语在这里命名。房山世界地质公园是真正的"地质百科大全"。

"北京人"之家——周口店

在大约 70 万年前，北京市西南房山周口店龙骨山里生活着"北京人"，我们称为"直立人"。之后，这里相继出现过距今 10 万年的早期智人和距今 1.8 万年的晚期智人。这里记录了"北京人"的起源与进化，也记载了人类文明的起源与发祥。1987 年，周口店被联合国教科文组织列入世界文化遗产名录。

溶洞殿堂——石花洞

石花洞位于房山区河北镇和佛子庄乡境内，园区内有各类岩溶洞穴 30 余个，分布在房山大石河沿岸，这些洞穴的地层为距今 4.9 亿年至 4.5 亿年的石灰岩，其中最为著名的是石花洞和银狐洞。洞穴的形成则是在十几万年前，是中国北方温带气候条件下岩溶洞穴的典型代表。洞穴内岩溶沉积物千姿百态，堪称溶洞艺术殿堂。

青山野渡——十渡

十渡位于房山地质公园南部，地处房山区十渡镇和张坊镇，由被拒马河串联的东湖港、仙栖洞、龙仙宫、孤山寨等景区构成，

石花洞（郝丹萌 摄）

是华北地区典型的构造——冲蚀岩溶地貌景观发育区，拥有华北地区最大的岩溶峰丛峡谷。

百里长峡——野三坡

野三坡位于河北省保定市涞水县西北部，由百里峡景区、龙门天关景区和鱼谷洞景区组成。野三坡雄踞紫荆关深断裂带北端，多期强烈的构造运动和岩浆活动造就了野三坡典型独特的地质地貌：百里峡幽静深长，岩溶嶂谷蜿蜒曲折；龙门天关气势磅礴，花岗岩断壁宏伟壮观；拒马河岸雄浑壮美，岩溶山峰形状奇特。

峰丛林立——白石山

白石山位于河北省保定市涞源县境内，是拒马河的源头，由白石山景区和十瀑峡景区组成。白石山由两种岩石构成，上部是距今10亿年的白云岩，"白石山"由此而得名；

七渡背斜（郝丹萌 摄）

下部是距今 1.4 亿年的由花岗岩侵入而形成
的白云山基座。具有上白下红的独特的双层
结构石山，上部的白云岩受重力崩塌和流水
侵蚀，形成了我国独特而唯一的大理岩峰丛
地貌。

百花盛开的百花山——白草畔

白草畔位于房山区史家营乡、霞云岭乡
西北部，是房山世界地质公园内最高的部分。
白草畔为百花山最高峰，海拔 2161 米，是北

白石山（郝丹萌 摄）

京第三高峰。园区内植被垂直分带清楚，一年四季皆有美景，春看杜鹃，夏赏百花，秋观红叶，冬览雪景，是北京地区度假避暑极好的生态乐园。

圣山圣米——圣莲山园区

圣莲山园区位于房山区史家营乡。圣莲山海拔930米，因奇峰耸翠、峰峦叠嶂、形似莲花而得名。身处其中，抬头四望，众峰

百花山（郝丹萌 摄）

如一片片莲花盛开。昔日摩诃祖师修行于此，食圣米，饮圣泉，得道飞升。其怪峰、溶洞众多，植被、古树茂盛，又集佛、道两家北庙、南观于一山，故有"京都仙境"的美名，早在明代就被誉为"京畿八景"之一。

文化宝库——上方山—云居寺园区

上方山—云居寺园区位于房山区韩村河镇和大石窝镇，包括上方山和云居寺两个景区，是一处集生态资源、佛教文化、岩溶地貌为一体的旅游胜地。

上方山景区有丰富的野生动植物资源，有华北地区最早开放的溶洞——云水洞，众多寺庙使上方山成为北方佛教名山。云居寺始建于隋末唐初，至今已有大约1400年的历史，藏有14278块石刻佛经，因此享有"北方巨刹""北京的敦煌"的盛誉。景区内丰

上方山（郝丹萌 摄）

富的文化遗迹，展示了一幅恢宏的历史画卷，数量众多的古塔更使房山赢得了"房山古塔冠京师"的美誉。

（王璐琳）

房山世界地质公园

胡江波

山石长生自太初，万年已有古人居。

青峦白草银狐洞，尽是地层无字书。

17 /

镜泊湖世界地质公园

JINGPOHU

UNESCO
GLOBAL
GEOPARK

镜泊湖世界地质公园位于黑龙江省南部宁安市境内，濒临牡丹江中上游地区，公园总面积 1726 平方千米。公园北邻牡丹江市 80 多千米，东距绥芬河 130 多千米，南接吉林省敦化市，距长白山 250 千米。处于哈尔滨—玉泉—亚布力—大海林中国雪乡—镜泊湖旅游线路的终点，是黑龙江省重要的旅游目的地。2005 年 8 月，被国土资源部批准为国家地质公园，2006 年成为世界地质公园网络成员，2015 年成为联合国教科文组织世界地质公园。

属地镜泊湖

镜泊湖古称"湄沱湖"，《汉书·地理志》称"湄沱河"；唐高宗永徽二年（651 年）称"阿卜河"（又称"阿卜隆湖"），后称"呼尔海金"，唐玄宗开元元年（713 年）称"忽汗海"；明代始称"镜泊湖"；清时称"毕尔腾湖"，意为水平如镜；抗日战争期间又改称"镜泊湖"。

镜泊湖属中营养湖，表现为富营养化为期半年，以 7 月、8 月、9 月这三个月最为严重，主要是磷含量高；冬季水温为 0℃至 0.8℃（表层），夏季表层水温最高可达 27℃，全湖年

镜泊湖（镜泊湖世界地质公园 提供）

均温 2.5℃，水温分层明显。湖水的分层期为每年的 5 月至 9 月，7 月温跃层出现在 10 米至 21 米之间，平均深度 11 米，温度递减率为 0.79℃／米，9 月温跃层出现深度为 19 米至 31 米，比 7 月下移 10 米左右，斜温层平均深度 93 米，温度递减率为 0.61℃／米，11 月初期湖面开始结冰，冰层厚 0.6 米至 1 米。

镜泊湖世界地质公园植被保护良好，植被覆盖率达 90% 以上，有原始森林、天然次生林和人工林，总面积 902.89 平方千米。公园属温带阔叶混交林，植被有 110 多种，典型植被是红松林、红松阔叶混交林和落叶阔叶林。主要树种为红松、落叶松、樟子松及椴木、冷杉、水曲柳、榆树、桦树等。区内有国家一级保护植物人参，国家二级保护植物红松、水曲柳、黄菠萝、冷杉、山槐等。

资源特色

镜泊湖世界地质公园地处火山活动频繁地带，自距今 1.2 万年至 5400 年以来，经历了多次火山活动，在第四纪时期就经历了三次大的火山喷发活动，分别是距今 12000 年、8300 年和 5140 年，包括火山喷发、岩浆喷涌和火山灰堆积等过程，形成了丰富多彩的火山岩石和地貌，为研究地球的火山演化提供了独特的实例。

镜泊湖世界地质公园共分为火山口森林、熔岩河、瀑布山庄、镜泊湖、渤海故国、小北湖、蛤蟆塘火山锥、骑驭探险区、熔岩台地等景区，公园是第四纪活火山活动地区之一，主要发育有火山地貌与水体景观两大地质地貌。公园内不仅拥有吊水楼瀑布、镜泊湖、火山熔岩喷气锥和喷气碟、地下熔岩隧道、火山锥群等具有国际地质意义的火山地质遗迹，还包括森林、湿地等自然景观和历史悠久的文化遗址等人文景观。

火山堰塞湖——镜泊湖

镜泊湖是世界上最大的火山堰塞湖之一，其形成是由火山活动引起的火山碎屑、熔岩沿牡丹江河谷倾泻而下，岩浆和岩石等物质堵塞了河谷，形成了天然的大小众多的火山堰塞湖。镜泊湖南起南湖头，北至北湖头，丰水期经吊水楼瀑布注入牡丹江，全长 45 千米。由东北至西南走向，蜿蜒曲折，呈 "S" 形。最宽处在湖的南部骆驼峰、老鸹砬子一带，长约 6000 米；最窄处在湖的北部鱼崴子，

地下森林（镜泊湖世界地质公园 提供）

紫菱湖（镜泊湖世界地质公园 提供）

吊水楼瀑布（镜泊湖世界地质公园 提供）

冰封吊水楼瀑布（郭柏林 摄）

128

约 400 米，平均宽 1500 米至 2000 米，湖面总面积 79.30 平方千米。这里的火山遗迹类型齐全，这一地质现象呈现了火山与水系相互作用的独特景观，对于研究火山地貌和水文地质学具有重要价值。

镜泊湖瀑布

镜泊湖瀑布以其优美的景色而闻名，这是由火山堰塞湖的特殊地质构造导致的。湖水从陡峭的地势中倾泻而下，形成宏伟壮丽的瀑布景观。

其中，最为著名的吊水楼是自然地质过程的艺术品，瀑布景色的优美程度吸引着大量游客和摄影师。该瀑布宽 40 米，落差 12 米，雨季或汛期最大总幅宽可达 300 米左右，水流量 4000m³/s。与贵州的黄果树瀑布、黄河壶口瀑布、九寨沟诺日朗瀑布、台湾的文龙瀑布、庐山的三叠泉瀑布并称为中国六大名瀑。

镜泊峡谷

镜泊峡谷位于吊水楼瀑布景观东 500 米，峡谷长达 3000 多米。纯自然的镜泊峡谷地势险要，江道坡度大，蜿蜒曲折，跌宕起伏，滩石重叠，水势腾激。江岸峻石丛生，姿态万千。象形石更是大自然的杰作，似人似佛似仙均有之，似兽似龟似蟒更不鲜见。丰水期时，汹涌澎湃的江水奔腾在峡谷中，浪花四溅，岚雾蒸腾，艳阳高照，浮光跃金，一派峡谷雄风。可谓石岩横亘，飞瀑悬流，山峡奇秀，雄阔壮美，尽显"千岩竞秀，万壑争流"之貌。

兴隆寺（镜泊湖世界地质公园 提供）

历史文化景观

镜泊湖世界地质公园内的历史文化景观，有风景建筑、民居宗祠、宗教建筑、纪念建筑、遗址遗迹、摩崖题刻等。

兴隆寺

兴隆寺历史悠久，保存着石灯幢、大石佛等许多有价值的文物。最有名的石灯幢闻名中外，是世界级的人文景源。石灯幢是渤海国时期留下来的著名佛教石雕艺术品，既有典型的唐代雕刻和建筑艺术风格，也有渤海石雕艺术的特点，是盛唐石雕艺术在东北地区推广的成果之一。从唐代算起，石灯幢已有1200余年历史，记入史料的时间也有300多年。它不仅是渤海国时期石雕艺术的代表，也是我国古代石雕艺术的代表性作品。

渤海靺鞨绣

渤海靺鞨绣起源于距今 1300 年前的唐代渤海国（698—926 年）的刺绣针法，是以牡丹江为中心及东北地区满族刺绣品的总称，是靺鞨、女真、满族刺绣的民间艺术，是中国优秀的民族传统工艺之一。靺鞨刺绣色彩艳丽、大气磅礴。绣娘们从镜泊湖美丽的山水中汲取灵感，把东北人的粗犷豪放性格表现得淋漓尽致。渤海靺鞨绣于 2015 年入选中国非物质文化遗产第四批保护名录。

（田明中　王璐琳）

镜泊湖世界地质公园

陈　焱

鼎镬谁沉向此间，烹珠溅雪涌为泉。
宜将杯盏相围坐，闲听奔雷彻九渊。

18 /

伏牛山世界地质公园

FUNIUSHAN

UNESCO
GLOBAL
GEOPARK

伏牛山世界地质公园位于河南省伏牛山脉的腹地，包括河南省南阳市西峡、内乡、南召和洛阳市栾川、嵩县的部分地区，公园总面积 5858.52 平方千米。2004 年 2 月 13 日，正式成为全球首批 28 个世界地质公园网络成员之一，2015 年成为联合国教科文组织世界地质公园。

自然区位　过渡特征

伏牛山地处中国南北板块碰撞带，是长江、黄河、淮河三大流域的分水岭，也是中国南北气候、南北动植物、南北文化的过渡带。可以说，伏牛山自然资源的特征和价值，都与其所处的南北过渡带有很大的关系。

这是一片呈现奇观的土地，这里伴生有温带、热带及寒带植物 700 余个类型属。这里是"人与自然世界生物圈保护区"：老界岭，悠长的山岭成为西伯利亚寒流南下、太平洋暖湿气流西进的屏障，勾勒出亚热带与暖温带之间一条优美的弧段；白云山，连绵 400 千米的伏牛山主脊线在这个地方戛然而止，代之而来的深邃峡谷成为湿热气团深入伏牛山腹地的水汽通道，造就了独特的生态小气候环境。

公园生物资源丰富，森林植被覆盖率达

伏牛杜鹃映山红（伏牛山世界地质公园 提供）

88%，地处暖温带落叶阔叶林向北亚热带常绿落叶混交林的过渡区，是北亚热带和暖温带地区天然阔叶林保存较完整的地段，是河南省重要的物种基因库和生物遗传演替的繁育场。

造山专属　景观独特

公园大地构造位置位于中国中央造山系东段，经历了中国南北板块碰撞、拼合、造山等漫长的地质过程，是复合型大陆造山带（秦岭造山带）的俯冲碰撞、汇聚拼接、隆升造山的关键部位和地质遗迹保存最为系统、完整的区域。

地质公园分布有古元古界秦岭岩群、中—新元古界峡河岩群、中—新元古界龟山岩组、下古生界二郎坪群、下古生界子母沟组、上古生界泥盆系南湾组、中生界上白垩统等地层，是秦岭造山带重要的岩石地层单元。马山口板块缝合线、二郎坪裂陷小洋槽、商丹断裂带为代表的构造遗迹清晰地记录了华北、华南板块俯冲、碰撞的特征。这些剖面和构造遗迹揭示了古中国大陆28亿年的地质演化过程。

伏牛山世界地质公园地貌景观表现出与造山运动的亲缘关系，尤其是主造山期花岗岩"锯齿岭"地貌、伸展拉张期花岗岩"岩盘山"地貌、板块机制下俯冲型花岗岩的"五行山"景观和碰撞性花岗岩的"卸荷裂解"景观、壳幔混合型花岗岩的"石柱峰丛"景观等，体现了造山带花岗岩地貌类型的多样性。长期的地质作用下，不同时期侵入的花岗岩形成了以老界岭"峰丛"、宝天曼"峰墙"、七星潭"擦擦石"、黄花曼"石瀑"、老君山"石林"、龙峪湾和白云山"断层崖"、木札岭"断褶山"等为代表的花岗岩地貌景观。

马鬃岭是黄河、长江两大水系的分水岭，也是中国气候的分界岭。地质公园是多条河流的起源地。河流随地势起伏，蜿蜒流淌，越过丛林，绕过群山，形成林茂水秀、飞瀑流泉等景观。尤其是西峡龙潭沟，在全长10余千米的距离内，犹如一条巨龙盘旋了19个弯，每个弯都形成汪汪深潭。共有大小潭72个，而落差则由海拔1300米降至450米，构成了由19个较大的瀑布组成的"梯式"瀑布群。河沟两岸的花岗岩石壁陡峭、林木丛生，溪水从悬崖倾泻而下，浪花飞舞，瀑水长啸落入龙潭。登高瞭望，瀑布密集，明珠成串，此起彼伏，美丽的自然风光和瀑布景观令人流连忘返。

古老神奇的伏牛山，不仅给生活在这里的人们带来了美丽的山川河流，同时带来了

宝天曼骆驼峰（伏牛山世界地质公园 提供）

瑰丽的地下景观——溶洞。现已开发的溶洞有鸡冠洞、蝙蝠洞、荷花洞、菊花洞、老君溶洞等。洞内峰回路转，曲径通幽，钟乳石、石笋、石柱、石幔、石瀑、石花、石盾、石珠、石琴、莲花池、透明石等溶洞沉积景观形态各异，姿态万千。还有重渡沟瀑水钙华等，充分展示了公园地貌景观的多样性。

恐龙乐园　化石宝库

这是一片孕育生命的土地。6000 多万年前，这里是恐龙的乐园。伏牛山南坡的南阳盆地是一座恐龙化石的宝库，出土的数十种、上万枚恐龙蛋以及恐龙化石，被誉为"震惊世界的重大科学发现"和"世界第九大奇迹"。化石层主要产出于白垩系红色砂砾岩、砂岩及泥岩地层中，目前已经发现的恐龙蛋有 8 科 13 属 24 种，6 个相似种和 10 个未定种，其中西峡长圆柱蛋化石为世界罕见，戈壁棱柱蛋化石为稀世珍品。西峡恐龙蛋化石分布之广、含蛋层数之多、成窝性之好、蛋骨共生，堪称世界之最，是世界上罕见的古生物遗迹和自然历史宝库中的珍品，对研究地质演化、生物进化、地层划分和恐龙灭绝等，具有极高的科研价值和国际对比意义。

20世纪70至90年代在南阳盆地内还发现了诸葛南阳龙、河南宝天曼龙、河南西峡龙、张氏西峡爪龙、路易贝贝等恐龙骨骼的化石，这些恐龙化石的出现也如恐龙蛋一样在学术界引起了巨大轰动。

位于伏牛山南麓，西峡丹水镇的"恐龙遗迹园"是一个集科学研究、科学普及、观光游览、娱乐体验于一体，将自然原始与现代高科技紧密结合的大型主题公园。园内不仅有全国唯——座以恐龙和恐龙蛋化石为主要展品的博物馆和世界唯——座以展示恐龙蛋化石原始埋藏状态为特色的恐龙蛋原址馆，还有地质科普广场、恐龙科普馆、仿真恐龙园以及白垩纪红层地貌游览区，是恐龙研学的良好基地。

南辕北辙　江河文明

公园所属区域历史悠久，文化璀璨，留下了丰富的文化遗产。

在伏牛山北麓，辽阔的河洛大地、丰富的自然资源，孕育了伊洛河流域具有暖温带农业文化特征的"河洛文化"，河洛文化进一步向北方的黄河流域扩展，成就了华夏文明的主流中原文化，同时，还造就了河洛人（北方人）粗犷、豪爽、博远的性格。在伏牛山南麓，有俊秀的山峰、优雅的环境、辽阔的土地、丰富的自然资源，同时也培育出了汉水流域具有浓郁的亚热带农业文化特征的"南襄文化"，南襄文化沿长江水系向南方延伸，衍生出华夏文明的重要补充——荆襄文化、长江文化，造就了南方人细腻、精练、善思

恐龙蛋原址保护（伏牛山世界地质公园 提供）

伏牛山建筑群（伏牛山世界地质公园 提供）

辩的性格特点。

伏牛山，具有丰富的地质内涵、优美的自然景观、厚重的文化底蕴，是开展秦岭造山带形成与演化、恐龙及恐龙蛋相关研究以及科普旅游、休闲度假的理想区域。

（田明中　张忠慧　孙洪艳）

伏牛山世界地质公园

杨煜坤

星垣下界卧中州，赶上神鞭万壑留。

大雨挟风淮汉绕，重云锁翠海天收。

青青草木知经夏，渺渺山河好望秋。

考辨诸峰合造化，老君邀饮尽一游。

19 /

龙虎山世界地质公园

LONGHUSHAN

UNESCO
GLOBAL
GEOPARK

龙虎山世界地质公园位于江西省东北部、武夷山脉北段余脉附近的鹰潭市，包括龙虎山、象山、龟峰三个区域，面积996.63平方千米。地质公园交通便利，距昌北机场160千米，距鹰潭市区16千米；高速、国道等公路发达，水运便捷。2001年被批准为国家地质公园，2008年加入世界地质公园网络，2016年成为联合国教科文组织世界地质公园。

龙虎山属典型的丹霞地貌。这里还是中国道教的发祥地，对中国文化乃至当代中国社会都产生了深远的影响。道教圣地、碧水丹山与古崖墓群被誉为龙虎山"三绝"。

地质遗迹资源

丹霞地貌

龙虎山丹霞地貌类型典型、多样，保存的方山石寨、峰丛峰林、孤峰石柱等形态类型达23种之多，是世界上丹霞地貌景观中的珍品，可观赏性强，美学价值高。

地质公园地处信江盆地边缘，发育的丹霞地貌海拔大多在60米至362米之间，总体呈峰丛、峰林状，地形变化剧烈，石峰、石柱多从平地拔起。丹霞地貌的成因以构造侵蚀作用为主，兼有流水侵蚀、溶蚀风化、崩塌堆积等多种作用类型。丹霞地貌形态类型

梦幻龙虎山（夏程琳 摄）

有方山石寨、赤壁丹崖、峰林、峰丛、石梁、石墙、石柱、石峰、洞穴等，是晚年早期丹霞地貌景观的典型代表。泸溪河畔，是丹霞地貌景观最为丰富和集中的精华区域，两岸赤壁和圆顶方山峰林罗列，碧水丹山、山环水绕、山水交融，清滢澄澈的泸溪河恰似一条玉带串起两岸珠玑，漂流其中犹在画中游。

龙虎山和龟峰核心区域的丹霞地貌由于其典型性和稀有性，2010 年 8 月，与广东丹霞山、浙江江郎山、福建泰宁、湖南崀山、贵州赤水等组成系列提名地，被联合国教科文组织以"中国丹霞"列入《世界遗产名录》。

火山岩地貌

火山岩地貌位于地质公园西南部的天台山、应天山一带。天台山主峰海拔 1124.8 米，地形沟深山高，与北部的丹霞地貌区形成强烈的对比。晚侏罗世打鼓顶组正层型剖面和应天山、天门山火山构造洼地，以及岩前古火山口等火山活动遗迹丰富。火山岩地貌景观区谷坡险陡，谷地幽深，怪石遍地，峡谷流急，瀑布磅礴。

流水瀑布

地质公园内河流、湖泊众多，丹崖高耸，水绕山转，流泉飞瀑，喷珠溅玉。山的宏伟俊俏与水的柔情优雅相得益彰，宛若世外桃源、人间仙境。

信江由东向西从龙虎山侧缘通过，其支流泸溪河由南东向北西穿过龙虎山园区。两岸山水秀丽，气候宜人，有"山比桂林，水胜漓江"之誉。多个碧波荡漾的湖泊，映衬着石峰丹崖，分外妖娆。

生态环境

龙虎山世界地质公园是名副其实的动植物乐园。地质公园内的火山地貌区发育并保存了成片的天然次生林，林内藤蔓交织、层次丰富，保持了良好的自然生态环境和物种的原始性、多样性。丹霞地貌区则主要生长马尾松、湿地松、杉树等，并保存了大量的古树名木。地质公园植被群落的多样性及良好的生态环境，为各类野生动物提供了优越的栖息繁衍场所，动物种类丰富。

2007 年，在这里首次发现了素有鸟中大熊猫之称的国家一级保护动物——中华秋沙鸭的踪迹，之后发现它们每年都在龙虎山栖息越冬。中华秋沙鸭是 IUCN（世界自然保护联盟）濒危物种、国家一级野生保护动物，它们在我国东北地区和俄罗斯西伯利亚繁殖，在长江以南越冬。

水上丹霞（赵洪山 摄）

丹霞地貌——"象鼻山"（赵洪山 摄）

中华秋沙鸭（王金平 摄）

历史文化

龙虎山世界地质公园所在区域历史文化悠久，人文积淀厚重。丰富的人文景观与独特的丹霞地貌景观融为一体：崖墓葬文化、道教文化、佛教文化等历史遗迹以其独特的方式融汇在具有突出价值的自然美之中。道教选择了龙虎山，龙虎山滋润了道教文化。

历时 2600 多年的古越族崖墓，以其数量多、位置险要、文物丰富、保存完好而堪称中国之最，被誉为天然考古博物馆。仙水岩临水的峭壁悬崖上珍藏有 200 多处古越族人的崖墓群，仿佛是悬挂着一部古越族的无言史诗。考古发掘出的 250 余件珍贵文物，把我国使用十三弦琴的历史向前推进了七百年；纺织工具斜织机构件的发现，将中国使用先进斜织机纺织高级绸布的历史从东汉提前到了春秋时期。

第一代天师张道陵于东汉永元二年在龙虎山修道炼丹，距今已有 1900 余年。历代天师在此承袭了 63 代，龙虎山被称为"中国道教祖庭""中国道教第一山"。《水浒传》中的第一回"张天师祈禳瘟疫，洪太尉误走妖魔"即源于此。

在商周时期龟峰就有人生息。南北朝期间，梁代曹姓禅师在龟峰结庐建寺，成为龟峰第一代开山大师。历代文人、高僧先后前来的不计其数，留下了 200 余处摩崖石刻及佛教遗存。

自 2008 年龙虎山成为世界地质公园以

天师府（夏程琳 摄）

来，地质旅游的发展带动了属地各行各业的发展，形成了"一业兴，百业旺"的局面。

龙虎山世界地质公园正以开放之姿、卓越之景，迎八方友人，探科学奥秘，瞻历史文化。

（武法东）

龙虎山世界地质公园

田弋弓

百代天师在，一方地势奇。

聚成龙虎势，天险扼泸溪。

20 /

自贡世界地质公园

ZIGONG

UNESCO
GLOBAL
GEOPARK

自贡世界地质公园位于四川省自贡市，距成都、重庆各约 200 千米。自贡市交通发达，距离宜宾机场 67 千米，高速公路、国道和省道将自贡与周边城市紧密相连，构成了便利的交通网络。自贡世界地质公园北起荣县复兴乡青龙山，南至荣县金华乡桫椤谷，西达自贡市与乐山市界线，东抵大安区三多寨镇，面积 1630.46 平方千米。

自贡世界地质公园以闻名遐迩的中侏罗世恐龙化石遗迹和历史悠久的井盐遗址为特色，并保存有"活化石"之称的桫椤植物群落，与自贡厚重的历史文化融为一体，是一个集科学研究、科普教育、观光游览和休闲度假等功能为一体的世界地质公园。2001 年获批国家地质公园。2008 年被批准加入世界地质公园网络，2017 年通过了联合国教科文组织的扩园申请。

地质遗迹资源

恐龙化石宝库

大山铺恐龙化石群遗迹是自贡恐龙化石群的代表。自贡恐龙博物馆内保留了总面积约 1500 平方米的恐龙化石原地埋藏现场，它是目前世界上可供人们直接观赏、游览的恐龙化石保存数量最密集、规模最宏大、形态

博物馆中的恐龙化石骨架（自贡恐龙博物馆 提供）

恐龙化石（叶卫东 摄）

最完美的化石埋藏现场。在这里，生活在约1.6亿年前（中侏罗世）的大量恐龙及其他脊椎动物化石基本完好地原地保留在地层中，上下层叠堆积，平面交错横陈，是被称作"世界奇观"的大山铺"恐龙群窟"的缩影。

在大山铺恐龙化石群遗迹发现20多年以后，又在约9米的砂岩中发掘出一具比较完整的蜥脚类恐龙化石——焦氏峨眉龙，一些大型蜥脚类恐龙的股骨和胫骨，以及若干爬行动物骨骼碎片。这说明大山铺恐龙化石群不仅分布面积大，而且至少有两个化石富集层。发掘的焦氏峨眉龙为一种特大型的长颈型蜥脚类恐龙，保存骨骼115块，体长达23米，是大山铺迄今发现的个体最大的恐龙化石。

青龙山恐龙化石群遗迹位于荣县复兴镇青龙山，化石赋存层位为中侏罗统沙溪庙组一段，其时代与大山铺化石群相当。化石遗迹面积大、埋藏集中、层叠堆积，化石露头随处可见，大部分是蜥脚类恐龙骨骼，也可以看到食肉恐龙和蛇颈龙的牙齿化石。这里的恐龙化石属于异地埋藏。在附近方丘湾、胖

长山岭硅化木化石（王玲玲 摄）

千年盐都之燊海井（熊军 摄）

泥冲一带的砂岩陡壁上，也随处可见恐龙化石出露，其分布和出露面积之大，国内罕见。

龙贯山蜥脚类恐龙足迹位于富顺县童寺镇龙贯山。18 个恐龙足迹分布在一倾斜岩层表面上。恐龙足迹深浅不一，脚印宽约 20 厘米，长约 32 厘米，它们左右交错排列，构成一条清晰的行迹路线。恐龙脚印显示的步间距为 1.1 米至 1.3 米。经相关专家鉴定，确定为蜥脚类或原蜥脚类恐龙足迹，这是自贡首次发现的该类恐龙足迹化石。

长山岭巨型硅化木

凉高山长山岭巨型硅化木埋藏在距今 1.6 亿年的中侏罗统下沙溪庙组底部砂岩中。保存的硅化木分大小 2 株：大者长 23.3 米，最大直径 1.3 米，小者长 13 米，最大直径 1.08 米，有分叉，为原始松柏类的南洋杉型木化石。它们的石化木质部具有宽而清晰的年轮，早材宽，晚材窄，表明这里当时属于有温差和干湿变化的亚热带或暖温带气候区，一年中的气温变化较小，气温较高，雨量充足，寒冷或干燥的时间很短，十分适合植物的生长。

盐业文化遗址

千年盐井

燊海井是"千年盐都"的重要体现，位于大安区长堰塘。该井凿成于清道光十五年（1835年），井深1001.42米，采用中国传统的冲击式（顿钻）凿井法凿成，是中国古代钻井工艺成熟的标志，体现了中国古代钻井技术的综合发展水平，是世界科技史上的重要里程碑，其凿井技术被誉为中国古代"第五大发明"和"世界石油钻井之父"。

燊海井是一眼以产天然气为主兼产黑卤的生产井，曾日产天然气8500立方米和黑卤14立方米，烧盐锅80余口。现今仍有烧盐锅8口，日产盐2500千克。它的主要建筑有碓房、大车房和灶房，主要生产设备碓架、井架、大车等保存完好。

吉成盐井遗址

吉成盐井遗址位于大安区杨家冲上凤岭，是自贡现存盐井及天车最集中的地区，由吉成井、裕成井、益生井、天成井组成，占地面积25亩。这里是清代盐业生产遗址，经历100多年的生产，现存的4座天车、4口盐井及其附属盐业生产设施，是清代自贡社会经济发展不可多得的"活化石"，体现了"千

年盐都"的历史文化价值。

博物馆文化

自贡恐龙博物馆、自贡市盐业历史博物馆和中国彩灯博物馆是体现自贡世界地质公园资源和文化的精髓所在。

自贡恐龙博物馆

自贡恐龙博物馆是自贡世界地质公园核心区之一，位于自贡市区的东北部，是在"大山铺恐龙化石群遗址"上就地修建的一座大型遗址类博物馆，也是我国第一座恐龙专题博物馆。博物馆占地面积6.6万多平方米，以收藏、研究、展示恐龙化石及其他伴生脊椎动物化石为特色。恐龙博物馆体现"侏罗纪恐龙世界"理念，按照"恐龙世界—恐龙遗址—恐龙时代的动植物—珍品厅—恐龙再现"顺序展开，吸收现代陈列理念，采用场景式展示、拟人化组合，辅之以声、光、电及多媒体等展示手段，展开了一幅蔚为壮观、神奇瑰丽的史前画卷，再现了由恐龙及其他物种构成的神秘多姿的侏罗纪时代。化石埋藏现场是恐龙博物馆的精华，给游人以强烈的视觉冲击和心灵震撼，充分体现了恐龙专业博物馆与遗址博物馆的双重特色。经过30

自贡市盐业历史博物馆（王玲玲 摄）

多年的发展，自贡恐龙博物馆已经成为世界上收藏中侏罗世恐龙化石最丰富的博物馆，成为世界上三大恐龙遗址博物馆之一。

自贡市盐业历史博物馆

自贡市盐业历史博物馆也是自贡世界地质公园核心区之一，坐落在自贡市区龙峰山下，其馆址为"西秦会馆"，以收藏、研究和陈列中国井盐历史文物为基本功能，是中国目前唯一的井盐历史专业博物馆。博物馆现有藏品12553件，珍贵文物172件。藏品中既有世界唯一的一套中国古代钻、修、治井工具群，又有以"中国最古老股票"为代表的一大批盐业契约、档案，还有反映四川、云南、西藏、山西、河北、江苏、浙江等盐区的盐业文物。此外，还收藏有一批传世文

荣县大佛（刘乾坤 摄）

物、艺术珍品，主要以仇英、张大千、丰子恺、赵熙等大师的作品为代表。博物馆内陈列了大量珍贵的文物、模型、照片和标本，从钻井、采卤、输卤、制盐等方面再现了井盐生产技术的沿革和发展，生动表现了以深井钻凿技术为中心的古代井盐生产工艺，体现了历代劳动人民的创造才能。

中国彩灯博物馆

中国彩灯博物馆坐落于自贡市彩灯公园内，始建于 1990 年 6 月，占地面积 22000 平方米，建筑面积 6375 平方米。建筑以彩灯文化为主题，造型以正方几何形体重叠组合，悬挑宫灯形角窗和镶嵌面的圆形、菱形灯窗，构成了一组大型宫灯形建筑。彩灯博物馆内设 8 个展厅，分数十个单元，以中国彩灯历史、自贡灯会发展史、自贡彩灯精品和中外彩灯风情共四大部分构筑的框架进行陈列，既有旧石器时期至民国年间的灯史文物和灯史文献，又有部分国家和国内部分城市的特色彩灯，还有自贡灯会历次在国内外展出的精品佳作，成为中国灯文化和自贡灯会的缩影。彩灯博物馆致力于中国彩灯文化"收藏、保护、研究、展示"，是国内外唯一的彩灯文化专业博物馆，被誉为"最具东方文化神韵、极具开发潜能"的博物馆。

自然生态与历史文化

桫椤谷

桫椤俗称树蕨，属蕨类植物门真蕨纲桫椤科，最早起源于3亿多年前的石炭纪，中生代分布广泛，白垩纪之后衰退，现仅见于热带和亚热带阴湿环境中，为珍贵的"活化石"，是国家二级保护植物。在金花桫椤谷生长有2万多株桫椤，分布于幽谷中，形成壮美独特的桫椤群落自然景观。

荣县大佛

荣县大佛坐落于自贡市荣县城郊大佛山的大佛寺中。山门书题"大佛禅寺"。大佛寺始建于唐代，气势雄伟。荣县大佛依崖而凿，佛头与山齐高，是一尊唐代摩崖石刻造像，距今已有1100年历史。大佛衣纹流畅、慈眉善目、神韵飘然，通高36.67米，头长8.74米，是全世界最大的释迦牟尼佛像，世界第二大石刻佛像，是古代艺术家和劳动人民匠心独运的上乘之作，是中国石刻遗存之艺术瑰宝。

西秦会馆

西秦会馆为清代陕西盐商修建的同乡会馆，始建于清乾隆元年（1736年），占地6000平方米。建筑气势宏伟，设计精巧，融宫廷建筑与民间建筑风格为一体。精美而保存完好的西秦会馆是自贡盐业兴旺发达的见证，也是古代建筑史上的奇葩，现作为自贡市盐业博物馆。

（武法东）

行香子·自贡世界地质公园

陈　晔

碧水逶迤，巨树青葱，看烟岚深邃朦胧。井盐旧址，化石真龙，在层岩下、涧道外、密林中。

桫椤击棹，银盘寻履，有游人访问遗踪。年轮切切，古蕨重重。任三冬雨、千古月、万年风。

21 /

秦岭终南山世界地质公园

QINLING ZHONGNANSHAN

UNESCO
GLOBAL
GEOPARK

太乙近天都，连山接海隅，
白云回望合，青霭入看无。
分野中峰变，阴晴众壑殊。
欲投人处宿，隔水问樵夫。
——（唐）王维：《终南山》

说到陕西，我们首先联想到的是千年古都西安，它蕴藏的历史文化全中国全世界都能数一数二。但是在这里，也有一个自然地理界的网红——秦岭终南山。秦岭终南山国家地质公园在 2009 年 8 月正式加入世界地质公园网络，成为我国世界地质公园大家庭里面的"资深前辈"。

公园位置

秦岭终南山世界地质公园坐落在中国陕西省西安市以南，距离西安市区仅 25 千米，公园面积 1074.85 平方千米。这片壮美的地质公园横跨秦岭和终南山脉，拥有广袤的面积，是中国西北地区独具特色的自然胜地。从西安城的任何一个位置望向南方，只要视线范围内没有高大的遮挡，能看到的连绵群山就是秦岭中段北麓的群山，即"终南山"。

水体景观（秦岭终南山世界地质公园 提供）

地学价值

秦岭终南山世界地质公园地处秦岭中央造山带的主体部位。秦岭，在中国历史上，一直被认为是一道不可逾越的天然屏障，因为它的位置特殊，被誉为中国南北的分水岭。山麓以南为北亚热带湿润区，以北为暖温带半湿润区，是常绿阔叶树和亚热带植物的北界。在冬日，穿过一座山的隧道，从驶入时满山满眼的绿色到钻出隧道映入眼帘的白雪皑皑，仿佛打开了任意门穿越了一般。

漫游于秦岭终南山世界地质公园，能寻觅到丰富的地质遗迹，以秦岭造山带、第四纪地质、地貌遗迹和古人类遗迹为主。整个公园由翠华山、南五台、朱雀、太平、华清宫、黑河、王顺山、蓝田猿人八个各具特色又互相联系的景区组成。

最为著名的当属翠华山景区中山崩堆积物"翠华山石海"。翠华山是花岗岩山体，脆性大、韧性小的花岗岩受到华南板块和华北板块的拼合、挤压之力，山体产生了不计其数、错综复杂的节理、裂隙。整体性和稳定性于是被破坏，在后来的地壳运动中，山体被抬升形成高山，随后的地震又诱发了它的崩塌。巨大的崩塌石块堆集、散落于断崖之下，构成一片石海。堆积物主体拥有齐全

的类型、典型的结构，完整地保留了堰塞湖、堰塞坝、崩塌石海和临空面等，其间的巨石或裂开、摔开，或互相叠置、堆砌、支撑，形成许多狭缝、洞穴，或不受约束，独立、组合成景，造就了丰富的奇石异洞的景观。就体量来说，这里的山崩遗迹规模在中国最大，在世界位居第三，单个崩石体积位居世界第一。

在终南山地质公园里，还拥有一个特有的古人类遗迹，那就是家喻户晓的蓝田猿人化石。通过科学鉴定，这可是比北京猿人还年代久远的猿人，距今115万年至110万年。同时发现的还有打制粗石器，包括刮削器、尖状器、石球等。由此可知，距今100万年前的陕西，曾经是我们的祖先们纵横驰骋的天下。这是人类发展史上非常重要的一个历史时期。

生态价值

公园所在区域属暖温带半温润季风气候，四季冷暖干湿分明，年无霜期226天。1月平均气温0.4℃，7月平均气温26.6℃，年平均气温13.3℃。年平均降水量613.7毫米，年平均湿度69.6%，山区气候垂直分带明显。公园内水资源丰富，水资源量约$4×10^9$立方

秦岭分水岭（田措施 摄）

翠华山——山崩堰塞湖（李文泽 摄）

米，是渭河的主要补给水源地。公园内有黑河、涝河、沣河等河流 28 条，中型以上水库 30 座。这里还是世界六大动物区系中东洋界和古北界两大区系的过渡区，和华北、华中、唐古特及横断山脉动植物区系交汇区。生物垂直分带谱系完整，是东亚暖温带重要的生物基因库，享有"中国天然动物园"的称号。园内生存着多种珍稀动植物，最著名的当属"秦岭四宝"——秦岭大熊猫、朱鹮、金丝猴、秦岭金毛扭角羚。大熊猫和朱鹮，是我国的

特有物种，被列为世界濒危物种，据调查，秦岭大熊猫仅有 300 多只，极其珍贵。金丝猴和羚牛也是国家一级保护动物。

植物最有代表的就是"独叶草"，它是多年生小草本，无毛，在 1999 年被列为国家一级重点保护植物。它的独特之处就在于它拥有十分简单原始的形状，一花一叶。根据考古生物学家的发现，已知最早在 6700 万年前就发现了这种植物的身影，说明它在恐龙没有灭绝之前就出现了，因此有植物学家认

蓝田猿人博物馆（秦岭终南山世界地质公园 提供）

为独叶草对于研究被子植物的进化和毛茛科的系统发育有着重要的科学指导意义。

美学价值

秦岭终南山世界地质公园美在天地中。

春天，万物复苏，嫩绿的颜色渐渐弥漫在整个山中。天气渐暖之后，山中的野花烂漫，盛开的野海棠、白鹃梅、棣棠赏不尽。

登高望远，万木吐翠，百花齐放。驴友圈内，大家都会相互问道："春天里秦岭最美的山，你爬过吗？"

夏天，整座山变得郁郁葱葱，上山的小路在树荫、草丛、野花中穿行，空气中弥漫着阵阵花香。身边潺潺的小溪声，清脆婉转的鸟鸣声，在山谷中回响。每当雨后，山上白色的水雾气从沟底徐徐上升，至半山腰又缓缓扩散开来，渐渐弥漫至峰顶。如此美景，

童话般的秦岭终南山世界地质公园（何佳 摄）

重彩缀王顺（秦岭终南山世界地质公园 提供）

难怪李白在《望终南山寄紫阁隐者》里写道："有时白云起，天际自舒卷。"开阔豪放的感觉立刻映入脑海。现代的我们不由得哼起那首歌——"向云端，山那边……"

每年秋季翠华山漫山遍野的红叶，层林尽染，多种颜色的树叶点缀在碧绿的山体上，偶尔再来些弥漫的云雾"仙气"。无论什么手机相机，随便一拍，都是朋友圈被点赞的风光大片。这里被网友称作西安最佳赏秋地。尤其近几年，每到红叶季，爬山的人摩肩接踵，

网上戏称"一半西安人去爬过"。

文化价值

终南山为世人所瞩目还有一个重要的原因，那就是它的"隐士文化"，终南山自古就有隐逸的传统。中国历史上的不少名人都曾做过"终南隐士"。而那句"福如东海，寿比南山"中的南山竟然指的就是终南山。一直以来，终南山都有修道成仙的传说，有

终南山·隐士·茅棚（鲍勋 摄）

秦岭终南山（程捷 摄）

山林隐士的踪迹。20世纪八九十年代，汉学家比尔·波特去终南山探访隐士，写出了《空谷幽兰》一书。之后很多人都探访过这神秘的地方。歌手许巍有一首同名创作歌曲，创作灵感就来自他和家人前往秦岭终南山游玩之时，被夕阳余晖下山谷中的清幽和暮霭的美景所震撼。看来作为中华民族诸多传统文化的发祥地，终南山被称"天下第一福地"名副其实。

（田　楠）

秦岭终南山世界地质公园

张　贺

栖仙求道霭云空，丹灶崩摧蔽日红。

曾是桑田沧海客，今为要塞渡津雄。

嶙峋造化天工巧，迤逦堪舆地脉通。

大块翕张唯鸟瞰，江山留在我心中。

22 /

阿拉善沙漠世界地质公园

ALXA DESERT

UNESCO
GLOBAL
GEOPARK

遥远的海市蜃楼，驼队就像移动的山，
神秘的梦幻在天边，阿爸的身影若隐若现。
哎……我的阿拉善，苍天般的阿拉善。

浩瀚的金色沙漠，驼铃让我回到童年，
耳边又响起摇篮曲，阿妈的声音忽近忽远，
哎……我的阿拉善，苍海般的阿拉善。

沙海绿洲清泉，天鹅留恋金色神殿，
苍茫大地是家园，心中思念直到永远。
哎……我的阿拉善，苍茫大地阿拉善。
——色·马希毕力格：《苍天般的阿拉善》

"苍天般的"这个形容词带给我们的感觉不亚于"雄伟""宏大"，但是它已经日渐成为阿拉善的专属，频繁出现在歌曲、诗歌、媒体宣传中。阿拉善以它自己独特的美丽与魅力吸引着全世界的目光。

属地阿拉善

阿拉善沙漠世界地质公园位于中国内蒙古自治区西部的阿拉善盟境内，横跨阿拉善右旗、额济纳旗、阿拉善左旗三个县旗。它西与甘肃省相连，东南隔贺兰山与宁夏回族

苍天大漠（阿拉善沙漠世界地质公园 提供）

自治区相望，东北与巴彦淖尔、乌海市、鄂尔多斯市接壤，北与蒙古国交界，属于中国北方的草原沙漠交错带。公园总面积 27 万平方千米，是至今世界上最大面积的世界地质公园，也是全球唯一一个以沙漠、戈壁为主要景观的世界地质公园。

地学价值

在阿拉善沙漠世界地质公园里，有着丰富多样的地貌景观和地质遗迹，充分完整系统地向人们展示风力地质作用所带来的特征。阿拉善沙漠世界地质公园里，既能感受到"沙漠""戈壁滩"带来的黄沙漫地、荒凉、广袤，也能见证不断变化、高大耸立的沙丘，不相一致的沙波纹，无垠沙漠中的点点湖泊、坚挺伫立的胡杨林，还可以在碧波荡漾的内陆湖——居延海里探寻鱼类与水禽的踪迹，更能在贺兰山脚下追寻人类活动留下的痕迹。

公园内的巴丹吉林沙漠、腾格里沙漠以及乌兰布和三大沙漠，带给我们的是金黄色的视觉盛宴。2022 年阿拉善沙漠世界地质公园的巴丹吉林沙漠及湖泊系统被世界地球科学联合会评选为全球首批 100 个地质遗迹地之一，也是唯一一个入选的以高大沙山及沙漠湖泊为特点的保护地。它是一个巨大的世界罕见而又独特的沙漠与湖泊系统。必鲁图高大沙山及其周围的湖泊是这一系统的典型代表。

巴丹吉林沙漠的位置为亚洲夏季风带和西风带的过渡区，以及雅布赖断裂的西部雅布赖山的西部。沙漠底部的年龄大约为 110 万年。气候的变化以及构造演化作用对这里沙丘的特殊性起到了关键的作用。由于来自湖盆的沙子向上迁移和堆积，高大沙丘变得越来越高和陡峭，大多数巨型沙丘高 300 多米，其中最高最大的必鲁图沙山是一座复合横向沙山，相对高近 500 米，海拔高 1611.009 米，是世界上最高的沙峰。

在蒙古语中，"巴丹"的意思是"神秘的"，"吉林"的意思是"湖"。巴丹吉林沙漠中共有 140 多个湖泊，主要位于沙漠东南部丘间地带，与高大沙山相间分布，有长期性湖泊，部分也为季节性湖泊，甚至有的已经干涸并在干涸湖泊的沉积物上发育形成了风蚀地形，有盐水湖也有淡水湖。其中沙漠湖泊中面积最大的当属诺尔图湖，面积 1.5 平方千米，最深处 16 米。从高处远观，沙漠中的湖泊犹如镶嵌在黄色丝绸上的颗颗蓝宝石，在阳光和月光下，水面波光涟涟，闪烁着星星般的光芒，神秘而深邃。

巴丹吉林沙漠（阿拉善沙漠世界地质公园 提供）

　　而在腾格里沙漠中，面积约为 3 平方千米的月亮湖是一个名副其实的"网红"，它位于巴彦浩特镇西南 70 千米的沙漠腹地。如果想一睹它的真容，那么你就需要做好十足的心理准备，因为到达月亮湖，我们需要穿梭在一个个沙丘之中，先体验一把"沙漠过山车"般的感官刺激。它的特点让这些准备都值得，因为首先这是一个形状酷似中国地图的天然淡水湖，湖中茂密的芦苇更是将各省区逐一标明。其次湖水中富含各种微量元素，如钾盐、锰盐、天然苏打、天然碱等。有意思的是，这些微量元素与国际保健机构推荐药浴的配方极其相似。因此湖水具有一定的净化能力，能迅速改善恢复大自然的原生态。最后湖边有着千万年的黑沙滩，长度约 1 千米。下面是厚达 10 多米的纯黑沙泥，也是天然的泥疗宝物。

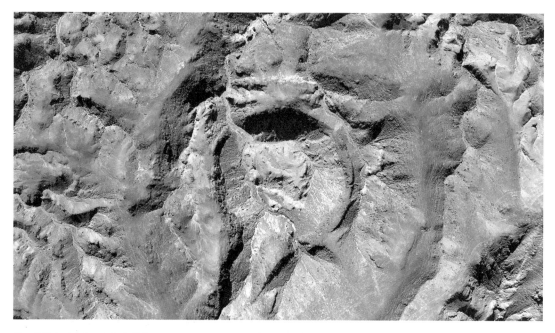

德日布拉吉破火山口（程捷 摄）

生态价值

阿拉善沙漠世界地质公园不仅在地质学上有着丰富的价值，同时在生态方面也呈现出独特而宝贵的特点。

阿拉善地区沙漠的水源条件极好，沙漠中分布着数百个留存万年的原生态湖泊，咸淡水相间的湖水里生活着无数的鱼虾及水禽，构成了特有的沙漠生态圈。腾格里沙漠东部边缘的天鹅湖，由于存在地下承压水而永不干涸，湖水清澈、广阔。每年的候鸟迁徙季，这里成为往返西伯利亚迁徙路上的驿站，成千上万的白天鹅、野鸭、灰鸭在湖面栖息，与湖边上千株马兰花、沙枣花交相辉映，为一望无际的沙漠增添了无限生机。

居延海由东、西两大湖泊组成，二者相距20千米，总面积300平方千米。曾经，东、西居延海和居延泽3个湖是一个连通的水域，形成于前中生代至晚更新世。1941年以前，湖水面积超过120平方千米。目前东居延海的有水面积达40平方千米，平均水深0.4米，最深处0.7米。灰雁、黄鸭、白天鹅在水面嬉戏、觅食，鸟鸣声时而响彻天际。骆驼踱步到湖边畅饮，岸边一簇簇盛开的芦苇与水中的倒

腾格里沙漠月亮湖（程捷 摄）

中国地质大学（北京）在贺兰山开展野外科学考察（程捷 摄）

居延海（程捷 摄）

胡杨林之秋（程捷 摄）

野外联合考察贺兰山（田明中 摄）

影形成了一幅现代派油画，令人如痴如醉。

美学价值

阿拉善沙漠世界地质公园的美不仅仅体现在沙漠与湖泊的反差美，沙丘与沙波纹的多样美，更体现在沙漠中生命之魂胡杨林的震撼美以及会唱歌的沙子带给我们的听觉震撼。

胡杨，是生活在沙漠中的一种乔木树种，也是1亿3000万年遗留下的最古老的树种。胡杨被誉为最坚韧的树，无论是在零上40℃的烈日下，还是在零下40℃的严寒中，依旧固守在沙海的世界，为人们和其他生命撑起一道抵挡风沙的屏障。秋日的阿拉善，成片的胡杨林金灿灿的枝叶随风轻摆，仿佛将人们带进了一个秋天专属的童话世界。不知从何时起，一生中必去的自驾地赫然出现了阿

中国地质大学（北京）在巴丹吉林沙漠考察地下水资源（田明中 摄）

拉善额济纳胡杨林，仿佛如果在秋天没有见过胡杨林，就不算见过完美的秋色。胡杨林金色的美，不但成就了电影《英雄》红衣女侠的冷艳，更是成为每一位走进阿拉善的人眼中的秋日限定色。

人们都说"阿拉善的沙子会唱歌"，这是大自然赋予的奇特自然现象，干燥疏松的沙粒在特定的自然环境中能够自鸣，或者在外力摩擦作用下发出声音，能听到吱吱声、轰轰声、呱呱声、嗡嗡声和轰隆声。在阿拉善，巴丹吉林沙漠的响沙最多，组成了一个庞大的响沙群。带着饱览美景的心情，顺着陡立坡坐在滑沙板上飞速向下，投入金色的"海洋"，黄沙在身后扬起一道金黄色的沙墙，沙坡下还会发出万鼓齐鸣的轰轰声，好像有人在给我们呐喊助威，也仿佛在告诉我们发生在阿拉善沙漠中的神秘故事。

文化价值

阿拉善沙漠世界地质公园不仅自然景观丰富，还承载着丰富的历史文化。从全新世的古人类生活用具、石器遗迹，到西夏国遗址黑城；从20世纪中国档案界"四大发明"——居延汉简及其记载的内容，到隋唐文明遗址大同城；从分布密集、题材多样的曼德拉山岩画到东风航天城实现国人的飞天梦；从藏传佛教与蒙古族文化的大融合，到一个世纪又一个世纪流传下来的阿拉善蒙古族民歌表演艺术；从"沙漠之舟"骆驼到现代家用的越野车：都是阿拉善独特价值的真实写照。多元、包容、大气、融合的人文特征，成为生活在这片土地上的人们生生不息的动力之源。

沙山湖泊生命舞，文化之美韵长新。

（田　楠）

阿拉善沙漠世界地质公园

程　骋

千里碧空，万丈金涛。

细沙积山，竟入九霄。

玉镜忽现，荒漠沁润。

轰鸣乍起，幽境喧嚣。

远离尘世，我心悠悠。

近临仙域，胡杨悄悄。

幸甚至哉，歌以咏志。

23 /

乐业—凤山世界地质公园

Leye-Fengshan

UNESCO
Global
Geopark

乐业—凤山世界地质公园位于中国广西壮族自治区西北部的百色市乐业县与河池市凤山县境内，面积 1113 平方千米，于 2010 年正式被批准为世界地质公园。该地质公园为低山丘陵地貌，海拔 274 至 1500 米；气候属中亚热带季风气候，干湿季节分明，年均气温 16.4℃至 19.2℃，每年 3 至 11 月最适宜旅游。

地质公园南距百色市约 100 千米，北离贵阳市约 250 千米，东南至南宁市约 350 千米。G69 高速从公园中部经过，百色巴马机场距大石围景区约 150 千米，交通甚为方便。

乐业—凤山地质公园处于云贵高原向广西丘陵的过渡地带，地势呈西北部向东南部倾斜。园区内发育大量的二叠系至三叠系（2.99 亿年至 2.01 亿年）的碳酸盐岩，是喀斯特地貌（也称岩溶地貌）形成的物质基础。该地质公园最具特色的地质遗迹是喀斯特地貌，从地表到地下，发育形态各异、类型多样、规模不同的峰丛、峰林、天坑、天窗、溶洞、地下河等喀斯特地貌共计 139 处，其中世界级的 10 处，国家级的 8 处。尤其是规模宏大的天坑群、天窗群、溶洞群，堪称世界之最，被誉为"天坑之都，洞穴之城"，是一座集科学、美学、科普、生态、文化等价值于一体的最完美的"天坑与洞穴博物馆"。这里

甘田峰丛田园光影（乐业—凤山世界地质公园 提供）

自然风光秀美,除了气势磅礴的喀斯特地貌,还有水秀植绿、山水交相辉映的秀美景观。

世界之最的大石围天坑群

天坑是一种独特的喀斯特地貌类型,是四周岩壁峭立,其深度和口部平均直径达100米及以上的地表垂直凹坑,但也有人认为深度和口部平均直径40米至100米也可以称为小型天坑。天坑是在特殊的地下河的溶蚀以及重力崩塌的共同作用下形成。

大石围天坑群位于乐业县西北约10千米处,是乐业—凤山世界地质公园最具代表性的天坑地质遗迹,其宏伟壮观、气势磅礴,是大自然的杰作。该天坑群分布于百朗地下河系统的中游,在100平方千米的范围内发现了35个岩溶塌陷漏斗,其中符合天坑标准的有29个,如大石围、白洞、大坨、罗家、苏家、燕子等天坑,构成一个天坑庞大、数量众多的天坑群,堪称世界奇观。其中大石围天坑的规模最宏大,最大深度613米,坑口东西长600米,南北宽420米,容积7475万立方米。西峰绝壁下隐伏着长达5千米的大石围地下河,地下河中有中国溪蟹、张氏幽灵蜘蛛、透明盲鱼等特殊物种,具有独特的生态价值。大石围天坑群具有极高的科学价值、美学价值、生态价值、旅游价值、科普价值和探险价值,是研究天坑的形成、演化、天坑与地下河关系以及天坑中生物群落不可多得的绝佳资源。

白洞天坑(乐业—凤山世界地质公园提供)

大石围天坑（乐业—凤山世界地质公园 提供）

地下河系统与天窗群

在地质公园内发育百朗和坡月两条地下河。百朗地下河呈 S 形从南往北流，总长约 162 千米，沿该地下河形成了世界级的天坑群。坡月地下河呈树枝状分东西两支，东支自北往南流，西支由西向东南流，汇合后向南流，总长 81.5 千米，沿该地下河形成了世界级独特的天窗群地质遗迹景观，其中三门海景区最具代表性。

三门海天窗群距凤山县城约 20 千米。这里不仅天窗、洞穴、暗湖、明湖发育，而且峰丛林立、谷地蜿蜒，地表河和地下河穿流其中。这里发育的天窗，其形态奇特、规模宏大，由地下河道、暗湖、明湖相连，串联形成三湖三洞之景，故得"三门海"之名，也被学者称为"世界之窗"，具有极高的科学价值、美学价值、探险价值和生态价值。乘船穿行其中，时而奇景幽洞，时而碧水蓝天，有山中有"海"、海上有"门"的神秘之感，亦梦亦幻，展现出一幅山、水、洞、谷、河、天浑然天成的秀美而奇妙的画卷。

暗河（乐业—凤山世界地质公园 提供）

规模宏大的溶洞群

该地质公园的溶洞发育，其规模宏大，是该地质公园特色地质遗迹景观之一。在百朗地下河和坡月地下河流经地质公园范围内有 13 个溶洞和 4 个溶洞大厅，洞穴总长度105184 米。中国十大溶洞大厅有 6 个在该地质公园，其中冒气洞大厅、红玫瑰大厅、海亭大厅分别位居世界十大溶洞大厅之第三、第六和第十名。在溶洞内沉积形成了千奇百态、惟妙惟肖的石钟乳、石幔、石笋、边石等，具有极高的观赏性。这些溶洞群是研究喀斯特地貌演化的重要载体，是一种极具旅游开发价值和地学科普价值的宝贵资源，更是探险者的乐园。

别具风格的天生桥

布柳河峡谷的出口处，布柳河仙人桥横跨河谷之上，桥宽 19 米、桥面厚度 78 米、

鸳鸯泉（乐业—凤山世界地质公园 提供）

拱高87米、拱跨177米，为世界之最。地质公园南部的江洲仙人桥桥宽70米、桥面厚度24米、拱高46米、拱跨162米，居世界第二。天生桥是研究地下溶洞系统演化发展过程的重要材料。

乡土风情

　　地质公园内居住有壮、汉、瑶、苗、布依、彝、仫佬、仡佬、京、水、侗等11个民族，其中壮族人口超过50%。最早定居此地的是壮族，后来汉族、瑶族、苗族等也居住于此繁衍生息。壮族过去称为"布土""僮"，1965年改"僮"为"壮"，故称壮族。

　　地质公园内的民族传统文化和非物质文化遗产丰富多彩。乐业逻沙唱灯形成于清朝康熙、乾隆年间；乐业的把吉村，保留有古法造纸工艺，采取最天然、最环保的纯竹造出优质纸张；凤山蓝靛瑶服饰和瑶族度戒、乐业壮族纺织制作技艺、壮族古歌等都是非

罗妹洞（乐业—凤山世界地质公园 提供）

布柳河仙人桥（乐业—凤山世界地质公园 提供）

物质文化遗产，舞蹈有铜鼓舞、蚂拐舞、花竹帽舞、板鞋舞、春椎舞、笋里舞等。这些民俗和非物质文化遗产都很具地方特色，是充分利用当地资源、人与自然和谐共生的表现。

乐业县的母里屯是一个只有 50 多口人的纯汉族的山里小村寨，据传为了逃避战乱，逃难至此。受喀斯特地貌影响，此寨与外界交通不便，较为隐秘，不受外界影响，因此也保留了原汁原味的母系氏族文化风貌，沿袭着"男主内，女主外"这种女人当家做主的风俗。这是中国仅存的汉族母系氏族社会村寨。

（程　捷）

减字木兰花·乐业—凤山世界地质公园

张鑫明

重林碧水，异色双泉清镜里。九曲江潮，隔断烟云作画桥。
天风暗堕，幽谷石莲开数朵。岁月难赊，蚀尽当年海与沙。

24 /

宁德世界地质公园

NINGDE

UNESCO
GLOBAL
GEOPARK

宁德世界地质公园位于中国东部沿海的福建省东北部宁德市境内，坐落在水清山绿和奇峰异石、深潭瀑布众多的太姥山脉和鹫峰山脉的群山之中，由屏南县白水洋、福安市白云山、福鼎市太姥山三个园区组成，园区总面积 2660 平方千米。2010 年被批准为世界地质公园。

宁德世界地质公园交通便利，形成了以高速公路、高铁、航空为一体的交通网。公园内为低山丘陵地貌，最高峰东山顶海拔1479 米。公园生态环境优美，植被主要为常绿阔叶林，森林覆盖率达 72% 至 90%，常年

是郁郁葱葱、鸟语花香。四季分明的中亚热带海洋性季风气候，使得春夏季雨热同期，秋冬季温暖少雨，阳光明媚，植被色彩丰富，是旅游的最佳季节。

宁德世界地质公园广泛发育一亿多年前的酸性火山岩、侵入岩，集晶洞花岗岩地貌、火山岩地貌、河流侵蚀地貌、海岸地貌及水体景观于一体，堪称东南沿海地质地貌的大观园。地质遗迹丰富，类型多样，具有极高的科学价值、美学价值和科普价值。

太姥山晶洞洞花岗岩岩地貌（白荣敏 摄）

独树一帜的太姥山晶洞花岗岩地貌

晶洞花岗岩是在陆壳伸展拉张的特殊地质环境下形成的，来自深部的岩浆在地壳浅处冷凝形成花岗岩过程中同时形成一些小型的孔洞，在洞中生长有矿物晶体，故称晶洞花岗岩。太姥山的晶洞花岗岩形成于白垩纪，距今 1.1 亿年至 0.9 亿年前。花岗岩多发育三个方向的裂隙（节理），经过风化作用和流水侵蚀作用形成了姿态万千的地貌，主要有石峰、石堡、石墙、石壁、石柱、石蛋等地貌，以及惟妙惟肖的象形石，如夫妻峰、仙人锯板、猴子照镜等，构成了一幅疏密相间、错落有致的绚丽多姿的画卷，与之相伴的线谷、巷谷、峡谷和洞穴景观也独具特色。

罕见的平底基岩河床

白水洋园区位于地质公园的西部，以其世界上独一无二的平底基岩河床景观而著称。白水洋长约 2000 米，分上洋、中洋和下洋三段，中洋最宽处达 182 米，面积近 4 万平方米。白水洋河床是河流侵蚀作用形成的独特景观，浅浅的河水在平坦而宽阔的河床上潺潺流过，激起层层的水花，水清石洁、波光粼粼，甚为壮观。白水洋平坦河床是岩浆活动和河流侵蚀共同的造化，大约在 1 亿年前，岩浆顺着火山岩水平方向层面侵入形成接近水平的板状正长斑岩体，后来经地壳抬升运动，河流侵蚀下切和风化剥蚀作用，正长斑岩体露出地表，并沿着水平方向的破裂面层层剥落形成平坦的河床。

此外，在白水洋园区还发育有弧形岸壁、水蚀基岩"波痕"、水蚀凹槽、流水侧蚀凹洞（燕窝岩）、白水弧瀑、岩槛（瀑布）、壶穴等形态奇特的地貌景观。

险峻的鸳鸯溪峡谷

鸳鸯溪是集溪、瀑、潭、峰、岩、洞、林于一体，以清幽险峻又气势磅礴的峡谷溪流为特色景观的园区。鸳鸯溪出露的岩石为坚硬的火山岩，同时还受到北西向断层的影响，在地壳运动抬升和河流的侵蚀作用下，形成了深切的峡谷地貌。峡谷全长 18 千米，峡谷宽处数十米，窄处不足 2 米，水位落差达 300 余米。沿峡谷两岸峭壁高耸，森林茂密，溪流曲折迂回，水流湍急，深潭频现，瀑布高悬，有喇叭瀑、百丈漈、鹊桥瀑、千叠瀑、小壶口瀑布、仙女瀑等。

白水洋平底基岩河床（林忠 摄）

奇特的白云山壶穴

　　白云山园区以丰富的河流侵蚀地貌为特色，是研究河流侵蚀地貌的绝佳地点。蟾溪发育在晶洞花岗岩中，在河道及河道两侧崖壁上，分布着大量壶穴、流水冲蚀沟槽、垂直弧形凹槽、碧潭瀑布等，其数量之丰、类型之多、个体之大、发育之系统、保存之完整，堪称一绝，极具美学价值、科研价值和科普价值，是河流侵蚀微地貌的天然博物馆，集科研、旅游、探险、科普于一体，是宁德地质公园最亮丽的风景之一。

磅礴的九龙漈瀑布

　　九龙漈瀑布群位于地质公园的西北部，由九级瀑布组成，在近千米的流程中逐级奔腾而降，总落差达 200 余米，形成罕见的多级叠置的瀑布群景观。其中，第一级大瀑布（九龙漈），瀑高近 50 米，宽 75 米，盛水期可达 83 米，河水飞流直下，瀑花飞溅，瀑声如雷，气势磅礴，蔚为壮观。

天然牧场大嵛山岛

　　大嵛山岛位于地质公园的最东端，面积21.5 平方千米，最高海拔 541.4 米，是中国

蟾溪的壶穴群（宁德世界地质公园 提供）

最美十大海岛之一。海岸蜿蜒曲折，海湾与海岬犬牙交错，各种海蚀地貌和松软洁净沙滩分布其中。在岛中部有日、月、星三湖，在湖泊四周是万亩天然草场，牧草萋萋，是南国海岛罕见的奇特景观。

畲族的乡土风情

宁德世界地质公园是我国畲族聚居区，现有畲族人口近 19 万，占全国畲族总人口的四分之一。畲族的民俗文化丰富多彩，白云山、太姥山地区的民俗文化不少已被列入国家级或省级非物质文化遗产保护名录。

瑞云四月八歌会、福安畲族银器制作工艺、霞浦畲族婚俗、畲族民歌等被列入国家级或省级非物质文化遗产名录；福鼎双华"会亲节"、乌饭节、霍童线狮等，具有浓厚的乡土气息和民俗文化底蕴。在丘陵地貌区，地形多起伏，溪谷山梁纵横，居民多分散居住。不论是瑞云四月八歌会也好，还是福鼎双华

大崎山岛星空（吴家兵 摄）

"会亲节"也罢，分散居住在梁、岙、坪、坞等地的居民汇聚在一起载歌载舞，欢庆佳节，访亲交友。屏南的杖头木偶戏、四平戏、铁枝等表演也具民族特色，有悠久的传承历史。

宁德的古建筑既有东南地区共性的特点，又有自己独特的风格。屏南是我国著名的古廊桥之乡，雄伟壮观的石筑、木构古廊桥架溪涧、跨河流，飞桥如虹。既解决了徒涉溪流不便之苦，也增添了自然文化景观，展现了山、水、林、溪、桥、路融合之美。屏南漈下古民居群是国家级历史文化名村，明城墙、路亭、水井、庙宇、祠堂、古桥等布局讲究、构建精美、技艺精湛，与地貌环境融为一体，是传统古村落公共建筑的典型代表。另外还有福鼎翠郊古民居、周宁浦源郑氏宗祠等，都有几百年的历史。

宁德是中国著名的茶叶之乡，这得益于这里的花岗岩风化形成优质的酸性土壤以及丘陵坡地的充分利用，形成了从茶叶种植和

宁德太姥山花岗岩地貌（郭柏林 摄）

国家级非物质文化遗产——霍童线狮（李玉婵 摄）

生产到茶具、茶艺的丰富多彩的茶文化，走进宁德闻到的是茶香，看到的是茶文化。宁德的茶叶产量占福建省的24%、占全国的4%。宁德的茶香弥漫，茶韵悠扬，自清朝光绪十六年（1890年）已有外销，工夫红茶自1910年起就畅销欧美，如今以"福鼎白茶""坦洋工夫"为代表。抿一口茶，生津润喉，茶香醇厚。

（程　捷）

行香子·宁德世界地质公园

陈　晔

峡谷森森，杉柏亭亭，有流云点缀苍冥。松鸦乍起，树雀争鸣，正灌丛深，阔叶茂，竹林荣。

岩崖风化，江河侵蚀，亿万年雨雪阴晴。溪流分布，沟壑纵横，更石重重，山渺渺，水盈盈。

25 /

天柱山世界地质公园

TIANZHUSHAN

UNESCO
GLOBAL
GEOPARK

天柱山世界地质公园位于安徽省潜山市境内，西北襟连大别山，东南濒临长江，面积413.14平方千米。主峰海拔1489.8米，独立高耸、如柱擎天，故名"天柱"。天柱山地质公园于2005年取得国家地质公园建设资格，2010年成为世界地质公园候选地，2011年成为世界地质公园。

属地天柱山

天柱山属于大别山的余脉，地形自主峰的高山区逐渐向东北、西南方向的丘陵过渡，随海拔高度渐次下降，依次分布中山、低山、丘陵、盆地、溪涧等地貌。

主峰腹地属于中山地貌，有海拔千米以上的山峰47座，多峡谷分割，危崖耸立，奇石遍布，形成气势磅礴的峰林峰丛景观。主峰的外围属于低山地貌，海拔在500米至1000米之间，多瀑布、井潭分布；主峰之下有多级山间盆地，规模较小，海拔在1000米以下；天柱山边缘地带为丘陵地貌，海拔小于500米，二长片麻岩、黑云母斜长片麻岩、斜长角闪岩、榴辉岩、大理岩等遍布。这种地貌组合构成了公园极具特色的地质地貌景观。

天柱山历史悠久，文化积淀深厚。著名

天柱山群峰竞秀（黄俊英 摄）

天柱峰（张辉 摄）

的新石器时代的"薛家岗文化"遗址即见证了6000多年前我们的先人在此繁衍生息及所创造的文明。春秋时期属皖国封地，天柱山又名皖山，安徽省简称"皖"即源于此。公元前106年汉武帝刘彻登临天柱山，封为南岳（后隋文帝改封衡山为南岳）。

资源特色

天柱山世界地质公园位于中国中央造山系大别造山带东段，是古生代华北板块与扬子板块汇聚、俯冲、拼接，中生代陆陆碰撞造山的关键部位及其与郯庐断裂带复合部位，地质遗迹保存较为系统完整，主要有全球规模最大、剥露最深、超高压矿物和岩石组合最为丰富的大别山超高压变质带的经典地段，雄奇壮观的花岗岩峰林峰丛地貌，亚洲珍稀的古新世哺乳类动物化石，丰富多彩的水文地质遗迹，大别造山带构造遗迹，郯庐断裂带构造遗迹等，至少记录见证了20亿年来天柱山地区地质演化历史，被称为"大陆动力学的天然实验室""郯庐断裂带上最美的花岗岩地貌""亚洲哺乳动物发源地之一"。

总关寨（余飞跃 摄）

天柱峰

是天柱山最高峰，由于峰体如擎天一柱而得名。形成峰体的岩石是距今 1.28 亿年的早白垩纪中粒二长花岗岩，其垂直节理和斜节理分布比较密集，且彼此交切，风化作用非常强烈，导致了岩体破碎、崩塌，形成了中间直立、四面嶙峋峭拔的柱状峰。

总关寨

总关寨是天柱山最险要的雄关要隘，位于断层形成的悬崖绝壁之间，地势奇险，巨石罗列，炮台高耸，易守难攻，可谓"一夫当关，万夫莫开"。南宋抗元义军首领刘源在此建立大本营，筑有东关寨、南关寨、西关寨、北关寨、山麓前哨野人寨等防御工事。

神秘谷

天柱山奇境之一，由巅峰崩塌的巨石叠置于近东西向的故地，形成花岗岩崩积洞群奇观，被誉为"全国花岗岩洞第一秘府"。道家尊为司元洞府，视此为洞天福地。全长 600 余米，垂直高差 150 米。分为四宫（逍遥宫、迷宫、龙宫、天宫）。五十七小穴，结构奇特，巨石错落有致，洞上有洞，洞内有洞，

神秘谷（张扬 摄）

洞洞相连，神秘莫测。根据历史地震资料推测，崩塌是由地震和重力等相关因素引起。

莲花峰

莲花峰由距今 1.28 亿年的早白垩纪中粒二长花岗岩构成。峰顶巨石竖裂如瓣，似荷莲争妍。旁有一小岩，危石削耸，如莲苞出水，有花有蕾，妙趣横生。莲花峰顶有天然洞穴，称"莲花洞"。石壁栈道奇险，远观似"玉带绕莲花"，构成天柱山奇绝景观。

蓬莱峰

蓬莱峰由距今 1.28 亿年的早白垩纪中粒二长花岗岩构成，其三面为断层形成的陡崖。崖陡壁峭，峰顶狭长绝险。纵长百余米，宽仅两三米。这里松石簇拥，烟云吞吐，宛如蓬莱仙境，明代诗人李庚诗云"登跻犹未半，身已在蓬岛"，故名"蓬莱峰"。

非物质文化遗产

天柱山地区不仅拥有奇特的自然景观，

莲花峰（杨振华 摄）

蓬莱峰（余飞跃 摄）

摩崖石刻（余飞跃 摄）

还拥有悠久的历史，承载着千余年的历史文化。早在春秋时期，这里是古皖国的封地，山称皖山，水名皖水。至今保存大量历史遗存，其中国家重点文物保护单位3处，省级重点文物保护单位10处，县级重点文物保护单位38处，这些珍贵的文化遗产，具有很高的科研、考古和美学价值。潜山素有"皖国古都、二乔故里、安徽之源、京剧之祖、禅宗之地、黄梅之乡"的美誉。这是一座可以领略禅宗文化、道教文化、黄梅戏和美丽传说的文化城邦。这片土地还哺育了王蕃、曹松、李公麟和程长庚、张恨水、夏菊花等一代名流。

天柱山摩崖石刻

天柱山有石刻318幅，其中唐刻3幅、宋刻114幅、元刻3幅、明刻33幅、清刻8幅、民国刻9幅、今人刻3幅、待考刻145幅。其中，以唐朝李翱、李德修，宋朝王安石、苏东坡、黄庭坚的亲笔题刻最为珍贵，具有很高的文学艺术和观赏价值，是安徽省现存最集中、保存最完好的摩崖石刻之一，是全国重点文物保护单位。

三祖寺

三祖寺位于天柱山南麓，又称"山谷

寺""乾元禅寺",总面积 7000 多平方米,1983 年被国务院列为汉族地区佛教寺院之一。三祖寺始建于南朝梁武帝时期,后隋朝禅宗三祖僧璨师承禅宗二祖慧可衣钵,隐居于此,扩建寺庙,弘扬禅法,故称"三祖寺"。它距今已有 1500 多年的历史,屡废屡兴,历经沧桑,近年来又逐步修建恢复了其他殿堂、僧舍。寺内现存有的古建筑有藏经楼、觉寂塔、立化亭、三高亭等,寺内当年遗留下来的三祖洞、立化塔和佛教著作《信心铭》被誉为"镇寺三宝"。

（王璐琳）

天柱山世界地质公园

薛 涛

中天巨柱入云端,幽洞花岗落满湾。
万丈霞光追落日,明朝滚滚又东还。

26 /

香港世界地质公园

HONGKONG

UNESCO
GLOBAL
GEOPARK

香港世界地质公园隶属中国香港特别行政区，地处珠江口东南侧，北倚中国内地，面向南中国海，分为新界东北沉积岩园区和西贡火山岩园区，陆地总面积 49.860 平方千米。香港世界地质公园位于香港东部，大部分地区与郊野公园及海岸公园的范围一致。香港地质公园始建于 2008 年，2009 年取得国家地质公园建设资格，2011 年正式成为香港世界地质公园。

近在都市咫尺的地质公园

香港是一座高度繁荣的自由港和国际大都市，与纽约、伦敦并称为"纽伦港"，是全球第三大金融中心，也是重要的国际贸易、航运中心和国际创新科技中心。香港是中西方文化交融之地，有东方之珠、美食天堂和购物天堂等美誉。

香港宜人之地甚多。大海之滨，有浅滩岩岸；群山之巅，有草坡茂林，不论从海边远眺或由山巅鸟瞰，均可见山水相连，风光如画。香港虽然土地面积不大，但有极丰富的地质多样性，这些地貌资源不但是地质公园的瑰宝，更为市民和游客的旅游提供了好去处。地质公园包括了风景宜人的山岭、丛林、海岛和滨岸地带，这里有世界规模的六方岩

早白垩世流纹质凝岩柱——首批国际地质科学联合会 100 处地质遗产地（香港世界地质公园 提供）

柱,有类型丰富且典型的海岸侵蚀、堆积地貌,有记录香港发展历史的多个时代的沉积岩,也有反映香港历史文化的人文资源。

地质公园内还有丰富多样的动植物资源。植物方面有本土和外来种,如樟树、楠树、台湾相思、爱氏松及红胶木等。动物则有野猪、豹猫、穿山甲、箭猪及松鼠等。雀鸟则有燕鸥、白腹海雕、白头翁、八哥、珠颈斑鸠及黑耳鸢等。此外还有种类繁多的昆虫。丰富的动植物资源反映了公园内具有良好的生态环境。

资源特色

香港世界地质公园,分为新界东北沉积岩园区和西贡火山岩园区。新界东北沉积岩园区包括东平洲、印洲塘、赤门、赤洲—黄竹角咀四个景区,陆地面积为33.2平方千米,主要地质包括出露程度不同的古生代泥盆系、石炭系、二叠系,中生代侏罗系、白垩系至新生代古近系、新近系,以及古生物化石、各种构造遗迹等,是香港最佳的户外沉积地质学教学实验室。西贡火山岩园区包括粮船湾、桥咀洲、果洲群岛、瓮缸群岛四个景区,陆地面积为16.6平方千米,主要地质遗迹为中生代白垩纪晚期火山地质作用的产物。以世界罕见的大规模发育的火山岩柱状节理为

特色,柱状节理形成的六方形岩柱直径1米至2米,最粗可达3米。2022年,位于香港世界地质公园西贡火山岩区的早白垩世流纹质岩柱群入选为首批国际地质科学联合会100处地质遗产地。

世界规模的酸性火山岩柱状节理

柱状节理是指发育在火山岩中呈规则的多边形棱柱体形态的原生节理构造。大部分火山岩柱状节理由含硅质较低的基性玄武质熔岩构成,而香港西贡万宜水库到果洲群岛一带的柱状节理是由含硅质较高的粮船湾组酸性火山岩构成,面积超过100平方千米,就规模和岩石性质而言,皆堪称世界罕见。

柱状节理发育的岩石风化面为红褐色,新鲜面为青灰色,致密坚硬,柱体近于垂直,部分地带倾角为77°至80°。酸性岩柱截面为形态规则的五角形和六角形,直径1米至3米,柱体规模巨大,出露高度可达100米。

受后期构造作用的影响,局部柱状节理呈S形舒缓弯曲,沿弯曲部位有玄武岩脉贯入,宽50厘米至60厘米,侵入接触边界不平整,局部分叉。岩脉总体走向5°,倾角45°,顶部未完全穿越粮船湾组火山岩。

连岛沙洲—桥咀洲（王璐琳 摄）

粮船湾组酸性火山岩柱状节理（香港世界地质公园 提供）

海蚀柱（香港世界地质公园 提供）

鬼手岩（香港世界地质公园 提供）

引人入胜的地貌景观

鬼手岩　位于黄竹角咀，形如自海中冒出的拳头，狭窄的手腕每在退潮之际露出。"鬼手岩"其实是差异风化和海浪侵蚀作用的产物。裸露的泥盆纪砂岩，其中泥质含量高的部分易遭受风化不断被侵蚀，较坚硬部分则被保留下来，再经海浪的不断冲蚀，最终形成了今天的"鬼手岩"。

龙落水　位于新界东北沉积岩园区东平洲景区，形成"龙落水"景观的岩层为凝灰岩。在宏观上，它的厚度和产状十分稳定，顶底层面平整，与上下岩层均为整合接触，下伏泥岩发生轻微硅化现象，未见明显的烘烤边或冷凝边。"龙落水"景观是由于不同性质的岩层，在差异风化作用下形成的。"龙落水"景观中的"龙"是由十分坚硬的岩石组成，因此，在其上的较松软岩层被风化剥蚀掉后，这层抗风化能力强的岩石便暴露出来，从而形成了巨龙入海的地貌景观。

龙落水（香港世界地质公园 提供）

人文景观资源

香港有 5000 年中华文明历史，又是中西方文化的汇聚地，拥有丰富的人文景观资源。透过这些文化历史遗迹，不难了解香港的发展历史。欣赏地貌奇观之余，能够亲身体验这个大都会令人惊叹的历史文化，成为地质公园的又一亮点。

荔枝窝村 位于香港东北面印洲塘海岸公园的一个海湾湾畔，是新界东北最大的客家村落，有超过 300 年的历史。村落的选址、建筑和庙宇的排列模式都依照风水学说的原则——"枕山、环水、面屏"，希望保佑村民家族兴旺。整个村落坐西向东，村后有茂密高耸的风水林，风水林以半月形环抱村落；村前建有广场，俗称"禾坪"，以前主要用来晒谷和休憩。村屋群三面建有风水围墙，寓意聚财和挡煞。围墙开有东门及西门，东门供村民日常出入，门额塑有"紫气东来"四字；西门则与嫁娶事宜有关，门额塑有"西接祥光"四字。

吉澳天后宫 位于吉澳村枕山高台上的天后宫，已有 250 多年的历史。屋顶墙头有数十个高约 7 寸的人像，生动逼真，是在光绪六年（1880 年）重修时，由巧匠文如璋制作。屋脊还有鳌鱼和石狮坐镇。每年节日庆典，善男信女云集，上香祈福，盛极一时。

（王璐琳）

香港世界地质公园

齐良平

此间应是有龙宫，地动山摇石柱横。
岁月沉积今与古，波涛蚀刻耻和荣。
云销云聚情难已，风去风来貌不同。
江水弯弯终入海，明珠璀璨共潮声。

27 /

三清山世界地质公园

SANQINGSHAN

UNESCO
GLOBAL
GEOPARK

三清山世界地质公园位于江西省上饶市境内，玉山县与德兴市交界处，总面积433平方千米。于2012年被批准为第八批世界地质公园，2015年成为联合国教科文组织世界地质公园。

三清山属怀玉山脉的一部分，南北长12.2千米，东西宽6.3千米，平面上呈荷叶状，由东南向西北倾斜。海拔1000米至1800米，主峰玉京峰，海拔1819.9米，是怀玉山脉的最高峰。因玉京、玉虚和玉华三峰峻拔，宛如道教玉清、上清、太清三位尊神列坐山巅而得名"三清山"。

三清山世界地质公园距市区43千米，交通极为便利，浙赣铁路干线、320国道、上海—瑞丽高速公路、205国道、206国道、皖赣铁路、九景高速公路组成了"井"字型交通网。

三清山世界地质公园地处中亚热带东部，气候温暖湿润，光照充足，雨水丰沛，具有优越的水热条件，园区内生物多样性丰富。公园人文景观资源丰富，以三清宫古建筑群为代表，拥有大量古建筑及文物，同时保留有"马灯戏""板灯节"等民俗文化。

同时，花岗岩地貌也成为地质公园内的独特景观。这片区域被认为是中国道教文化"天人合一"的发源地，集自然景观和文化

花岗岩峰峦——玉京峰（三清山世界地质公园 提供）

内涵于一体。

地层齐全

三清山世界地质公园是中国东南部的一座以中生代花岗岩和新元古代—古生代地层为主组成的、具有丰富地质遗迹与独特地质地貌现象的自然地理区域。公园地处扬子与华夏古板块的结合带，犹如一部地球科学巨著，记录了地球近8亿年来的演化发展历史。三清山世界地质公园以其地层齐全的特征为地球科学家提供了珍贵的研究资料。各个地质时代的地层完整出露，海相地层出露齐全，包括寒武系、奥陶系、志留系、泥盆系、石炭系、二叠系等地质时代，特别是陆相地层的侏罗系和白垩系，更是恐龙时代的见证，产出的恐龙蛋化石为古生物学研究提供了突破口，为了解地球演变历程提供了丰富的实例。

盆景地貌

三清山主要由早白垩世花岗岩基和新元古界至白垩世花岗岩基组成，是一片以大型花岗岩基为中心的山地区域。这里花岗岩地貌十分发育，形态类型多样，有峰峦、峰墙、峰丛、峰林、石林、峰柱、石锥、崖壁、峡谷、象形石、岩洞（穴）等11种类型，是世界花岗岩地貌中的罕见奇观，也是研究和展示花岗岩微地貌景观及其形成演化过程的典型例证，具有突出的科学价值。

在距今1.23亿年前的早白垩世，强烈的燕山运动导致大规模、多期次的岩浆侵入，在三清山地区的地下形成了花岗岩体，为三清山花岗岩地貌的形成奠定了物质基础。之后早白垩世—古近纪的大陆伸展与区域拉张构造，使得该区域整体断块抬升；随着喜马拉雅造山运动，三清山花岗岩岩体被构造作用分割成三角形的断块山且内部形成格子状节理裂隙。三清山主体向上抬升，而其外围区域则向下滑动，三清山在前期隆起的背景上，成为独特的"隆上隆"现象。

随着暴露地表后经受日晒雨淋、风霜雪雨，逐渐形成了大量微小型花岗岩地貌景观。据调查发现，在三清山中心景区28平方千米的范围内，有奇峰48座，怪石89处，景物、景观300余处。按其形态可分为堡峰、塔峰、屏峰、簇峰、峰墙、峰丛、峰柱、石锥、石芽以及各种造型石和峡谷。形态类型齐全，分布集中，是研究花岗岩峰林形成演化的天然博物馆。

东方女神（陈晓平 摄）

　　在不同的海拔高度和分布位置，花岗岩地貌也呈现出不同景观特色。在海拔1819米至1500米的玉京峰—梯云岭一带，花岗岩山峰如锥似塔，密集成林。峭峰、石柱、陡崖上的石芽，挺拔耸立；错落有致的黄山松挺立在悬崖峭壁；峰间云涌雾腾，时而散如烟飞，时而聚如幔卷，演绎出一幅醉人的画卷。海拔1500米至400米的西海岸地区，呈现V形谷—峰岭、嶂谷—峰墙、线谷—石柱—石林群3个地貌层次，组成了醉人的峡谷—峰林景观。一道道峰墙之上耸立着一排排石柱，石柱上顶着婀娜多姿的石芽和挺拔苍翠的黄山松，构成一幅幅绚丽的画屏。海拔1500米至1000米的南清园一带，雨水—山洪—溪流侵蚀形成世界罕见的V形谷、峰墙、石柱地貌。其中高128米的花岗岩石柱"巨蟒出山"，高围比、造型美居世界第一的"东方女神"和"万笏朝天"指状峰墙等世界极品级花岗岩景观，与绚丽的猴头杜鹃林组成了一个天然大花园。海拔约1500米的风门——三清宫，保留有花岗岩侵入面形成的石壁、石坡等花岗岩原态型地貌，在山顶高山洼地中水波涟漪，配以塔式山峰，峰林间点缀着千姿百态的石蛋。原态地貌与峰林、石蛋组合成了"老、

花岗岩峰林（梁敏敏 摄）

少"配地貌景观。

三清山花岗岩地貌与生态、气象的巧妙融合，犹如自然盆景，展示了杰出的自然美，被成功列入世界自然遗产名录。世界遗产大会认为：三清山在一个相对较小的区域内展示了独特花岗岩石柱与山峰，丰富的花岗岩造型石与多种植被、远近变化的景观及震撼人心的气候奇观相结合，创造了世界上独一无二的景观美学效果，呈现了引人入胜的自然美。《中国国家地理》杂志推选三清山花岗岩峰为"中国最美的五大峰林"之一；中美地质学家一致认为三清山是"西太平洋边缘最美丽的花岗岩"。

花岗岩地貌作为三清山的独特景观，不仅是自然美景，更是地质学研究的宝贵对象。花岗岩的形成通常与岩浆活动有关，研究这一地貌形成的机制有助于深入了解地球内部构造和岩浆演化的过程。

遗存的恐龙蛋化石

　　白垩系地层中产出的恐龙蛋化石是三清山世界地质公园的一大亮点。这些化石不仅为古生物学提供了重要的研究材料，而且对于认识白垩纪的生态系统、动植物的进化历程有着重要意义。

天人合一的古建筑

　　三清山高山林壑间，若隐若现的道教建筑星罗棋布。现遗存宋、明的宫、观、府、殿、亭、台、坊、塔、桥、池、泉、井以及山门、华表、石造像、石香炉、石刻楹联、摩崖题刻等230多处（座）。仅三清福地周边道教宫观建筑就有30多处，是道教古建筑群最为荟萃、最为精彩的部分，被文物专家称为"中

花岗岩石柱——巨蟒出山（娄永平 摄）

玉峰村景（三清山世界地质公园 提供）

国道教古建筑博物馆"。三清山道教建筑群是第七批全国重点文物保护单位。其总体布局依地势山景而设，其所有建筑取材于三清山花岗岩。除三清宫和玉零观为面积较大的石结构外，几乎都是较小的石构建筑。石构部件以暗槽、榫卯拼接，或用斗拱承托，造型技巧高超，其高度浓缩了明代建筑形制和法式，保持了明朝景泰至清朝同治年间的建筑原貌。建筑巧妙地设置在自然风景的节点上，借景造型，因形制胜，以景托物，以物烘景，显现出民间的古朴野趣。

三清山世界地质公园以其独特的地质特征获得了国际认可。这不仅使其成为国际地质学研究的焦点之一，同时也为地质遗迹的保护和研究提供了国际性的平台。三清山世界地质公园的地球科学价值不仅在于丰富的地质资源，还在于其对文化、生态等多个领域的影响。这种综合性的影响力使得三清山成为一座融自然之美、文化之韵、科学之奇于一体的综合性地质公园。这一地区所蕴含

三清山三清宫（郭柏林 摄）

漫山遍野猴头杜鹃（张琨 摄）

的丰富地质信息，以及与道教文化的深度结合，使得三清山在国际地质学研究和文化交流中都具有重要价值。

（田明中 孙洪艳）

踏莎行·三清山世界地质公园

杨玉林

早惹风尘，每察俯仰，愧心神密织俗网。抽身狭室览名川，三清绝景乘兴访。指路仙人，出山巨蟒。隐约云海收叠嶂。暂歇春雨又潇潇，珠帘飞瀑声激荡。

28

延庆世界地质公园

YANQING

UNESCO
GLOBAL
GEOPARK

延庆渊源独步先，先古炎黄战阪泉。

泉暖畦平环翠岭，岭蜒峰险锁雄关。

关通高速已无闲，闲憩小歇城入帘。

帘卷夏都真美景，景优风丽百合妍。

妍艳柳青妫水涟，涟漪无语润桑田。

田增阡陌耕犁转，转输域外果蔬鲜。

——孙守锴：《九连环·咏延庆》（节选）

这是一位来自于延庆本地的作家为延庆区创作的一首诗。其中提到了延庆世界地质公园的多个著名景点。延庆世界地质公园于2013年成为世界地质公园网络成员，2015年成为联合国教科文组织世界地质公园，是中国首都北京的第二处世界地质公园网络成员。2023年，从原面积的620.38平方千米扩园至1398.91平方千米。

属地延庆地质公园

延庆世界地质公园位于北京市西北部的延庆区，作为首都的生态涵养区，空气质量、水环境质量持续保持在全市前列。这里地处华北平原与内蒙古高原的过渡带，自然条件优越，平均海拔500米，如一颗璀璨的明珠镶嵌在雄伟的燕山山脉南麓。气候独特，冬暖夏凉，素有北京"夏都"之称。

燕山构造地貌（延庆世界地质公园 提供）

蜥脚类、鸟脚类和兽脚类足迹（延庆世界地质公园 提供）

地学价值

延庆世界地质公园经历了亿万年沧海桑田的变迁，形成了丰富的地质遗迹，也成为了燕山运动的命名地之一。这里地层年代跨度大，出露的类型多样。中生代的多期次的燕山运动造就了典型独特的地质遗迹，还留存有距今1.3亿年至1.7亿年的硅化木群和世界瞩目的晚侏罗世恐龙足迹，由此北京成为世界上唯一有恐龙存活记录的首都。十几亿年间形成的海洋沉积遗迹完整、横跨数亿年的角度不整合面、新生代喀斯特地貌更是让人为之震撼。

距今约1.8亿年的中生代中晚期，延庆地区地壳发生了著名的构造运动——燕山运动。延庆世界地质公园所在的亚洲地区，由于特提斯洋的拉开，西伯利亚地块南移，太平洋板块向北向西方向强烈的推挤作用，导致了燕山运动的发生，主要是强烈的板内造山运动为主，造成许多褶皱断裂山地和大量小型断陷盆地，并伴以岩浆活动，特别是花岗岩侵入和火山岩的喷发。

2011年，在延庆世界地质公园里发现距今约1.5亿年的恐龙足迹化石。经过初步研究，这批恐龙足迹可归属于蜥脚类、中型蜥脚类、大型与小型兽脚类和小型鸟脚类。科学家们认为，这里的某些足迹可能反映出有趣的古行为学现象，尤其对其当时沉积环境的研究表明，这里曾是湖泊边缘，是恐龙定期饮水的场所。

延庆世界地质公园内的硅化木化石群也是华北地区最大的，其数量众多，类型多样，保存完好且原地埋藏，成为中国响当当的木化石聚集地之一。目前一共有 57 株保存完好的硅化木化石，大部分呈直立状态，一部分为横卧状态，其中地质公园内命名的新种苏格兰木是在中国区域内首次发现。

生态价值

延庆的生物多样性十分显著，主要是由于延庆区具有多样的地形和地理条件。根据 2023 年最新的调查成果，延庆区内现有森林、湿地、农田、城市等生态系统，以森林、湿地生态系统为主。截至 2023 年年末，延庆区内记录有维管束植物 137 科 605 属 1242 种，占北京市植物种类（2088 种）的 60%，其中国家重点保护植物 12 种，北京市重点保护植物 69 种；记录有陆生野生脊椎动物 30 目 96 科 463 种，占北京市野生动物（608 种）的 76%，其中兽类 38 种，鸟类 402 种，两栖爬行类 23 种，包括国家重点保护野生动物 99 种，北京市重点保护野生动物 115 种；记录有鱼类资源 55 种，其中北京市重点 3 种；记录有浮游藻类 146 种；记录有浮游动物 72 种；记录有底栖动物 76 种。在公园境内，一共有 8 个相关的自然保护区。

美学价值

一直以来，延庆区的空气质量都位于全北京市榜首，PM2.5 累计平均浓度全市最低。

硅化木（延庆世界地质公园管理处 提供）

古崖居（王璐琳 摄）

在北京，很多人都知道，有一种蓝叫"延庆蓝"。2019 年世界园艺博览会在延庆召开，"世园蓝"就曾惊艳世界。北京 2022 年冬奥会期间，延庆空气质量创历史同期最优，全年无重污染天，"冬奥蓝"又为北京冬奥会的成功举办增添了一道亮丽的生态底色。

文化价值

延庆具有悠久的历史和灿烂的文化，著名的炎帝、皇帝"阪泉之战"就发生在这里。战国时期，山戎部族曾在此游牧。辽时萧太后曾在此驻跸，养鹅植莲。元代建延庆城，

明代重建延庆城，建永宁城，移民屯垦，驻军戍边，形成了很多聚落群。延庆自古以来就是经济往来枢纽和军事防御要塞。辽、金、元代的皇室成员经常途经延庆，留下了许多"皇家道路"，形成了独具特色的"三朝御路"文化。延庆保存了长城、崖居、古墓、石刻、寺庙等。从战国时期依稀可见的燕长城遗址到明朝修建在起伏山岭上的八达岭段长城，是国家级重点保护文物，也是世界文化遗产，更是地质公园里地质遗迹与历史文化完美结合的最典型实例。

在这个瞬息万变的世界里，延庆世界地质公园犹如一颗璀璨的明珠，静静地镶嵌在

八达岭长城（程捷 摄）

燕山山脉的南麓。在这片神奇的土地上，那些古老的地质遗迹、丰富的动植物资源和悠久的历史文化，都在诉说着属于延庆的故事，让我们感受到生命的魅力和自然的恩赐。

（田 楠）

延庆世界地质公园

李俊儒

追觅真龙事可知。朔云燕岭莽参差。

千年形胜归陈迹，万壑分明似往时。

海石于今虽突兀，边烽曾此系安危。

人间秘藏聊相待，一辟岩荒果未迟。

29 /

神农架世界地质公园

SHENNONGJIA

UNESCO
GLOBAL
GEOPARK

　　神农架世界地质公园是典型的构造地貌生态综合型地质公园，位于湖北省神农架林区的西南部，中国地势第二级阶梯的东部边缘，公园总面积1022.72平方千米。2005年成为第四批国家地质公园的一员，2013年加入世界地质公园网络。神农架世界地质公园由神农顶、官门山、天燕、大九湖和老君山五大园区组成。其中神农顶园区以壮丽的山岳地貌及典型地质剖面为特色；官门山园区以其独特的地质博物馆和丰富的峡谷地貌景观为主；天燕园区主要地质景观是峡谷与岩溶地貌；大九湖园区以发育冰川地貌和高山草甸为特色；老君山园区发育断裂构造与水体景观。

历经沧桑的"华中屋脊"

　　神农架山脉是大巴山东延余脉，神农顶、杉木尖、大神农架、大窝坑、金猴岭、小神农架诸山峰，海拔都在3000米以上，是大巴山脉最高处和神农架林区最高一级夷平面，堪称"华中屋脊"。这些山峰是在2亿年至1.2亿年前的中生代时期，受"燕山造山运动"影响而隆升起来，又经喜马拉雅运动（约0.66亿年前至今）再抬升改造后形成并保留下来的地貌形态。它们大致呈东西向展布，是湖北省内长江与汉江的第一级分水岭，山北有堵河、南河两条水系流入汉江，山南有香溪河、

"华中屋脊" ——神农顶（神农架世界地质公园 提供）

多姿多彩叠层石（神农架世界地质公园 提供）

沿渡河（神农溪）两条水系流入长江。

构成"华中屋脊"的岩石形成于距今约16亿年至8亿年前的中新元古代，地质学上将这套岩石地层命名为神农架群。神农架群的岩石既有海洋环境的碳酸盐岩，也有随着海平面下降形成的碎屑岩，还有火山喷发形成的火山岩等。该地层系统的岩性变化反映了近10亿年的地质演化历史，记录了该地区在中新元古代时期经历了4次海平面的升降和多次的火山活动。

神农架群不仅是地质公园最古老的岩石，在岩石中还保存有形态各异的叠层石，它们呈半球状、柱状、锥状、波状以及厚层状叠层石等多种类型。叠层石可以说是地球上肉眼可识别的最古老的化石，它们是最古老的

生物蓝藻在生命活动过程中，将海水中的钙、镁碳酸盐及其碎屑颗粒黏结、沉淀而形成的一种化石。这里的叠层石纹层清晰，时间跨度达4亿年，是进行古生物研究的理想素材，对这些地球最早期生命活动记录的成因进行研究，可以获得丰富的古地理与古环境信息。

地质公园的南沱组冰碛岩是新元古代晚期"雪球事件"的"见证者"。冰川在运动过程中，会不断破坏冰川底部和两侧岩石，把破坏的岩石碎屑带着一起走，当冰川遇到阻碍或融化后，携带的大大小小的碎屑物质就沉淀下来，形成地质学上的冰碛物，冰碛物后来固结成岩后就叫冰碛岩。南沱组冰碛岩是古老冰川作用的记录，是距今约7亿年

至6亿年前的全球性冰盖气候的"雪球地球"的产物。当时，地球表面从两极到赤道几乎都结成冰，因此这时的地球被称为"雪球地球"。神农架世界地质公园还保留有第四纪时期冰川运动留下的各种地质遗迹。

地质公园内广泛分布的白云岩，是易溶岩石之一，长期的流水侵蚀和溶蚀作用，沿着构造运动形成的节理、裂隙不断下切，形成了深达千米的神农谷。神农谷横切面呈"V"形，谷壁陡峻，谷坡上的岩石又经溶蚀、崩塌形成了嶙峋古怪、千姿百态的石芽、石林等。公园内还有一个洞口高达17米的穿通型大岩洞，洞内流水呼啸而下，远看洞口犹如一座大桥，故被称为天生桥溶洞。

平均海拔1760米的大九湖高山湿地，是华中地区面积最大、海拔最高的湿地。核心湿地面积13.84平方千米，由9个从南东至北西不相连、大小不等、形态各异的小湖组成。

神农峡石林（神农架世界地质公园 提供）

霜染大九湖湿地（袁玉祥 摄）

湿地内有丰富的高山草甸和湿地蕨类植物，尤其是泥炭藓最深处达 3.5 米。这里丰富的泥炭沼泽记录了神农架地区 1 万余年以来的气候变化状况，被誉为"华中气候的自然档案馆"，是古气候和环境方面研究的重要基地，大九湖湿地也因此被《中国生物多样性保护行动计划》列为中国生物多样性关键地区，是具有国际重要意义的保护区之一。

濒危动植物避难所

神农架处于中国西部高山区向东部丘陵平原区过渡和亚热带气候向暖温带气候过渡的交叉带，特殊的地理位置、优越的自然环境和气候条件使这里的生物多样性非常丰富，成为中国东、南、西、北动植物区系的荟萃地，素有"物种基因库""濒危动植物避难所"之美誉。神农架是全球 14 个生物多样性关键研究地区之一、中国六大种质基因库之一。这里森林覆盖率高达 96%，保存了中纬度地区最完好的北亚热带森林生态系统，拥有 11 种植被类型和跨越 6 种成分（包括常绿阔叶林、常绿落叶阔叶混交林、落叶阔叶林、针阔混交林、针叶林及亚高山灌丛草甸带）的完整垂直带谱，有 3767 种维管束植物；是世界上落叶木本植物最丰富的地区，有落叶木本植物 260 属 874 种；共有脊椎动物 729 种，包括国家一、二级重点保护野生动物 95 种；旗舰物种神农架川金丝猴和大熊猫一样被视为中国的国宝。早在 1990 年，神农架就因独

高山杜鹃（神农架世界地质公园 提供）

特的自然生态加入了联合国教科文组织世界生物圈保护区网。2016 年 7 月 17 日，神农架又被列入《世界遗产名录》，被评为："神农架在生物多样性、地带性植被类型、垂直自然带谱、生态和生物过程等方面在全球具有独特性，拥有世界上最完整的垂直自然带谱，其生物多样性弥补了世界遗产名录中的空白。"古木蔽天，瀑布飞悬，水光山色浑然一体，目不暇接。其完好的自然生态系统，不仅具有重要的物种生态学研究意义，也使之成为中国最迷人、最具代表性的自然景观区，被联合国专家称为"不可替代的世界级垄断性生态旅游资源"。

源远流长的历史文化

神农架因华夏始祖炎帝神农氏在此架木为梯，采尝百草而得名。这里的人文历史也同样悠久绵长，人文资源丰富多样。这里拥有众多优美而古老的传说与古朴而神秘的民风民俗，人与自然共同构成中国内地的高山原始文化。神农传说源远流长、野人传说闻名中外，其中《炎帝神农传说》和《黑暗传》被列入国家级非物质文化遗产项目名录。神农架是中华民族四大文化种类的交汇点，以其为原点，西有秦汉文化，东有楚文化，北有商文化，南有巴蜀文化。这里有 1000 多年历史的川鄂古盐道、古代屯兵的遗迹等历史古迹。10 多个民族在这里和谐共居，古朴而

神农文化传承活动（罗永斌 摄）

追寻岩层中的历史（神农架世界地质公园 提供）

神秘的民风民俗与源远流长的神话传说，流传下来多项非物质文化遗产。这些文化遗产丰富了地质公园的文化形式和内涵，使得该地区成为探索楚文化与地域文化的"鲜活研究室"。

神农架地质公园的地质遗迹记录了地球

生物演化史上从孕育至爆发这段最为关键的历史，神农文化为开端的人文历史是华夏农耕文化的重要组成部分，特殊的地理位置又使得这里成为古植物在极端气候事件影响下的避难场所。因此，神农架地质公园既是地球科学研究的圣地、人与自然和谐共生的殿堂，也是我们了解地球历史、人类文化和自然生态的综合教学场所，吸引着不同阶段的学生甚至社会其他民众来这里汲取知识，体验文化，享受自然。

（孙洪艳）

神农架世界地质公园

杨煜坤

青岩回望万峰临，路入中原控楚秦。

巨树千年天象动，神农九鼎斗杓宾。

云出峻岭合江汉，狨啸长林贯古今。

倘与巢由谈故事，山薇已饱在新民。

30 /

昆仑山世界地质公园

MOUNT KUNLUN

UNESCO
GLOBAL
GEOPARK

　　昆仑山世界地质公园位于中国青海省海西蒙古族藏族自治州格尔木市境内，坐落在被誉为"万山之祖"的昆仑山脉之中，面积7033.17平方千米，海拔3022米至6178米，平均海拔在4000米以上，是我国海拔最高的世界地质公园。2014年被批准为世界地质公园。

　　公园距格尔木市区30千米，北至南山口，南达昆仑山口，西到西大滩，东及驼路沟，包括纳赤台园区、西大滩园区和瑶池园区。昆仑山世界地质公园终年气候寒冷，只有短暂的夏季，7月的平均气温10℃，冬季降至−35℃或更低，这里冰雪覆盖，冻土发育，蓝天、雪山、冰川、草甸、湖泊、沼泽、河

流交相辉映的风光让人流连忘返。

　　世界上海拔最高的铁路——青藏铁路从公园经过，并在园区内设有南山口火车站和不冻泉火车站。国道G109（北京至拉萨）穿过公园。格尔木市建有机场，可达西宁、西安等国内城市。

　　昆仑山世界地质公园拥有地貌、环境地质、地质构造、水体、地质剖面、古生物、矿物与矿床等地质遗迹景观，共计180处，其中以冰川地貌、冻土地貌、地震遗迹、构造遗迹最具特色，闻名于世。还有昆仑玉也享誉国内外，被镶嵌在北京举行的第28届夏季奥运会的金牌上，美名曰"金镶玉"；昆

野牛沟雪山、草甸、沼泽、河流、冻土地貌景观（昆仑山世界地质公园 提供）

仑神泉，又称纳赤台清泉，虽处在海拔 3540 米，却四季不冻，被誉为"冰山甘露"；西王母瑶池（原名叫黑海）是一座天然高原湖泊，东西长约 12 千米，南北宽约 5 千米，湖水最深达 107 米，面积约 38.74 平方千米，湖水清澈碧绿，波光粼粼，水鸟云集。这里还有藏羚羊、野牦牛、雪豹、棕熊、盘羊等珍稀物种，是我国重要的高原生物基因库。

类型多样的现代冰川

在公园内的玉珠峰、玉虚峰等发育了各种类型的冰川，是现代冰川、高原气候、高

原环境研究的极佳地区，具有极高的科学价值、美学价值和探险价值。玉珠峰为昆仑山东段最高峰，海拔 6178 米，冰川总面积 190 平方千米，主要有冰斗冰川、悬冰川、山谷冰川、坡面冰川等。玉虚峰是玉珠峰的姊妹峰，位于昆仑山口的西侧，海拔 5980 米，共有 30 余条冰川，冰川覆盖面积达 80 平方千米，其中最长的冰舌位于南坡，长约 1.3 千米，宽约 500 米。

典型的冰川地貌

公园的冰川地貌包括冰川剥蚀地貌和堆

冰川 U 型谷（格尔木昆仑山地质公园管理服务中心 提供）

西王母瑶池（昆仑山世界地质公园 提供）

现代冰川及冰斗（昆仑山世界地质公园 提供）

积地貌。在玉珠峰、玉虚峰、南山口、野牛沟、黑沟等都发育有典型的角峰、冰斗、刃脊、冰蚀谷等冰川剥蚀地貌，角峰形如金字塔陡立而尖锐，刃脊锐利如刀刃，冰斗形如簸箕，冰斗是冰川形成发育的"摇篮"。在现代冰川前缘地带形成终碛堤，在公园内还残留有78万年至57万年前的望昆冰期的冰碛物，是青藏高原进入冰冻圈的重要证据。冰川地貌是研究古冰川作用和冰期划分的重要证据，昆仑山世界地质公园丰富的冰川地貌为研究青藏高原的隆升过程、气候变化、环境变迁提供了丰富的素材，科学价值极高。

神奇的冻土地貌

冻土地貌，也称冰缘地貌，是在寒冷气候区（年均气温在0℃以下）冻融作用形成的一种奇特的地貌。在公园内主要有冻胀丘、冻胀草丘、石冰川、岩屑坡等。冻胀丘是地下水冻结形成冰体，冰体不断长大或冰体下水汽压不断增加而使地面拱起形成的。惊仙谷冻胀丘长140米、宽45米、高20米，其年龄在千年以上，是青藏高原规模较大的冻胀丘。冻胀丘和冻胀草丘都形成于地下水比较丰富的地方，如河漫滩、山坡脚、湖边等，而石冰川、岩屑坡形成于山坡或山坡的沟谷

冻胀丘（惊仙谷）（昆仑山世界地质公园 提供）

冻胀草丘（野牛沟）（昆仑山世界地质公园 提供）

2001 年昆仑山口西 M_s8.1 级大地震地表破裂带（昆仑山世界地质公园 提供）

中。青藏高原是我国冻土地貌研究的最佳地区。冻土对公路、铁路、房屋等建筑具有破坏作用，对冻土的研究有利于减轻或防治这方面的地质灾害。

昆仑山地震留下的伤痕

青藏高原受印度洋板块向北运动的影响，在高原上形成了众多的能引起地震的活动断层，昆仑山口西 M_s8.1 级地震就是由活动断层导致的。这次地震形成规模宏大、长达 450 千米、宽数米到数百米的地表破裂带，

是目前已知大陆板块内部地震形成的最长地表破裂带之一，是世界级的地质遗迹，科学价值极高。该地震是近 60 年来我国震级最大的一次地震，地震留下的遗迹具有极高的科学研究价值。此外，在地质公园内保存有不同历史时期的地表破裂带、地震鼓包、地震陡坎等，其规模大小不一，是研究地震发生的历史、次数、周期等的重要地质资料。

古大洋板块的见证者——蛇绿岩套

在地质公园内，地质构造遗迹非常丰富，

蛇纹岩（昆仑山世界地质公园 提供）

有板块缝合带、角度不整合、韧性剪切带、断层、各种形态的褶皱等。其中没草沟玉矿采矿点的蛇绿岩套科学意义重大，它是一套由超基性岩、蛇纹岩、硅质岩、玄武岩等岩性组成的岩石组合，构成完整，具有典型性和代表性，其科学研究价值高。蛇绿岩套具有特殊的地质意义，它形成于大洋中脊，当大洋板块俯冲碰撞时，组成大洋板块的超基性岩、辉长岩、玄武岩、硅质岩等岩石大部分被破坏，但也有少量幸运地留存下来，这就是蛇绿岩套，成为大洋中脊和板块碰撞的见证者，记录了这里沧海桑田的变化。

文化记忆

在中国古代传说中，伏羲与女娲在昆仑山下结为夫妻，生育了华夏民族，因此高耸的昆仑山被尊称为华夏民族的"万山之宗，龙脉之祖"，那里的黑海也称为"西王母瑶池"。

虽然昆仑山地质公园海拔高、缺氧、气候寒冷，自然条件恶劣，但万年前就有人类在此活动。在三岔口细石器遗址发现了一万年前的石核、石片、刮削器、细石叶等，在纳赤台遗址发现了4000年至7000年前的石片、石叶、石核、刮削器、尖状器等细石器

100 余件，在野牛沟一道沟细石器遗址发现了 7500 年前的石片 33 件。位于玉虚峰下的野牛沟岩画共有 5 组 45 幅，180 个个体形象，刻画的主要为牛和骆驼，还有马、鹿、狼、豹、狗、鹰、熊、羊等，距今已有 3200 年，生动展现了生活在昆仑山地区人们的生活状况、价值观念、审美取向，以及表达了与自然和谐相处的愿景，十分珍贵。

在地质公园区域，非物质文化遗产有海西蒙古族的婚礼、剪发礼、祭火等。海西蒙古族的婚礼按说亲、定亲、迎亲、婚宴等主要程序进行，隆重而具有仪式感。海西蒙古族小孩在 3 岁前不准剪发、染尘、洗梳，需要举行剪发礼仪式，仪式由贵人开第一剪，其次是家剪，三是客剪。祭火是蒙古族传统的祭祀活动之一，有祭火神、祭灶神，一般在正月初一祭火。

（程　捷）

昆仑山世界地质公园

王　望

地自鸿蒙一脉开，峰峦形势似刀裁。

云连雪岭迷千嶂，日转丹丘照九垓。

彩凤曾传扶翠辇，青鸾谁见下瑶台。

何当复结烟霞友，共取清流避世埃。

31 /

大理苍山世界地质公园

DALI-CANGSHAN

UNESCO
GLOBAL
GEOPARK

大理苍山世界地质公园位于中国云南省西部的大理白族自治州境内，坐落在苍翠的苍山之中、碧波的洱海之滨，涉及大理、漾濞和洱源三个市县，海拔 1700 米至 4122 米，面积 933 平方千米，包括苍山地质地貌园区、环湖人文园区和高原湖泊园区。2014 年被联合国教科文组织批准为世界地质公园。

大理市气候属于亚热带高原季风气候，冬无严寒，夏无酷暑，年平均气温 15.1℃。冬春少雨，夏为雨季，因此冬春季是最佳的旅游季节。大理常年多风，年均风速 2.3 米每秒，瞬间最大风速 40 米每秒，故有"风城"之誉。

大理苍山地质公园交通便利，昆楚大高速（G5621）、杭瑞高速（G56）、大丽高速（G5611）在地质公园交汇，大理机场改扩建后，可通达国内主要大城市，旅客年吞吐量可达 220 万人次。高铁开通后，大理到昆明市只需 2 小时。

地质公园中的地质遗迹丰富，景观秀丽，类型多样，共 125 处，最具代表性的有 1.5 万年前的冰川地貌及大理冰期的命名地，20 亿年前的"大理岩"名称命名地，还有高原断陷湖泊、活动断层、湖滨湿地、冲积平原等。园区内植物多样性丰富，植被具有明显的垂直分带性，随着苍山海拔的升高，植被依次发育热带稀树灌木草丛、半湿润常绿阔

苍山角峰（大理苍山世界地质公园 提供）

叶林、中山湿性常绿阔叶林、温暖性针叶林、落叶阔叶林、温凉性针叶林、寒温性针叶林、寒温性灌丛、高山草甸。公园内有维管植物4094 种，脊椎动物 493 种，其中国家重点保护野生动物 42 种、植物 71 种，苍山特有植物51 种。公园的生物多样性高，具有典型的高原和高山的生态系统，具有很高的生态价值。

经典的冰川地貌

苍山挺拔高耸，屹立在洱海湖边，有 19座山峰，主峰马龙峰海拔 4122 米。在海拔3600 米以上发育大量的冰川地貌，是该地质公园最具特色的地质遗迹之一。冰川地貌主要有形如金字塔的角峰、锐利如刃的刃脊、形如围椅状的冰斗、清澈碧蓝的冰蚀湖、U字形的冰蚀谷、蜿蜒的终碛堤等，丰富而典型的冰川地貌成为中国东部末次冰期（7.5 万至 1.1 万年前）"大理冰期"的命名地。

独特的岩石类型

苍山的岩石包含岩浆岩、沉积岩和变质岩三大类型。其中变质岩最多，占全部岩石的 60%，类型多样，主要有板岩类、千枚岩类、片岩类、片麻岩类、大理岩类、混合岩类、碎裂岩类和糜棱岩类等，这些岩石都很好地记录了苍山的演化过程，如碎裂岩、糜棱岩记录了苍山构造作用的类型和强度。苍山是中国大理岩的命名地，大理岩是沉积岩灰岩经过变质作用形成的一种变质岩。大理岩的颜色和花纹变化复杂，有洁白如玉的大理岩，俗称汉白玉，如天安门前华表上的浮雕，象征着纯洁、傲骨、坚毅；也有花纹如画的大理岩，"山脉"绵延起伏，"瀑布"倾泻而下，"树木"苍劲挺拔，"云雾"飘绕山间，如同仙境，栩栩如生。

复杂的地质构造

苍山的地质构造类型非常丰富，记录了苍山的隆起和洱海的形成。地质历史时期的构造运动在苍山形成了大量的褶皱、断层、节理以及岩浆岩、变质岩。在苍山的东麓，发育一条活动断层，造成了 1925 年 3 月 16日大理 M_s7.0 级地震。

高原明珠洱海

洱海位于公园东部，因形似人耳而得名。洱海是一个断陷湖泊，苍山东麓断裂活动，使其西侧隆起成苍山，而在其东侧下陷积水成湖——洱海。洱海北有弥苴河注入，

苍山东坡冰蚀湖——洗马潭（大理苍山世界地质公园 提供）

俯瞰石门关（大理苍山世界地质公园 提供）

洱海（赵洪山 摄）

东南收波罗江水，西纳苍山十八溪水，南端经西洱河、漾濞江汇入澜沧江。洱海南北长约 42.58 千米，东西最大宽约 9 千米，最大深度约 20 米，湖面面积 252 平方千米，蓄水量 30 亿立方米，是云南省第二大淡水湖，素有"高原明珠"的美誉，是重要的湿地，维系着周边的生态平衡，也是研究高原断陷湖泊形成和演化、高原隆起过程、古环境变迁以及高原湿地生态系统的绝佳地。洱海中有小普陀岛，东侧有罗荃半岛，西侧有冲积平原，周边湿地发育，其主要地质遗迹景观可概括为"一海、三岛、四洲、五湖、九曲"，

风光绮丽，景色宜人。

历史记忆和民族风情

大理是历史文化名城，是古代南方丝绸之路和茶马古道的重要枢纽。西汉就在此设郡县，隋末唐初，洱海地区有六个实力较强的小国，称六诏。公元 738 年，位于南边的蒙舍诏皮逻阁兼并其他五诏，统一了洱海地区，建南诏国。公元 937 年建大理国，称前理，公元 1095 年改国号为"大中"，称后理，1254 年大理国被灭。南诏国和大理国前后延

大理古城（赵洪山 摄）

续了 500 多年，曾是一千多年前的世界 14 大城市之一，被称为亚洲文化十字路口的古都，现古都风貌犹存。大理古城古香古色、古风古韵，这里的一砖一瓦、一石一楼都是历史和文化的记忆。

大理生活着白族、汉族、彝族、回族等 25 个民族，是白族的聚集地，形成了独具特色的多元民族文化。园内遍布的古迹、古城、古街、古村、古树、古塔、古碑、古屋早已成为大理的符号和标志，如大理古城、崇圣寺三塔、双廊古镇、喜洲白族古建筑群、太和城遗址等。这里还有白族绕三灵、大理三月街和白族扎染技艺等 8 项国家级非物质文化遗产，20 项省级非物质文化遗产，58 项州级非物质文化遗产。

（程 捷）

浣溪沙·大理苍山世界地质公园

金 旺

远雪近花映眼帘。山腰花簇雪笼巅。愈分时令愈懵圈。

玉嵌清潭谁洗马，钟鸣古刹孰参禅。扶筇云处渐相探。

32 /

敦煌世界地质公园

DUNHUANG

UNESCO
GLOBAL
GEOPARK

一处浩瀚无垠的大漠秘境

一曲山泉交融的华美乐章

一幅精美绝世的历史画卷

一番惊艳亘古的大美天地

在中国的版图上，似乎没有一个地方能像敦煌这样吸引世人的目光，也没有一个地方能像敦煌这般历经千年沧桑而兴盛不衰。在这里，梦幻般的雅丹如舰队远航，似奇峰林立；浩瀚无垠的沙山堪比天高，声响震天；碧波荡漾的清泉似明月倒影，清澈恬静。它们汇聚一处，静卧在浩瀚的大漠深处，构成了我国西部极端干旱区地貌单元的组合。折

服在沙山月泉的环抱之中，流连于神秘莫测的雅丹之间，踏上这古丝绸之路，不同的民风习俗、宗教信仰在这里渗透融合，成就了蜚声中外的敦煌世界地质公园。

敦煌位于甘肃省西部酒泉市，是甘肃、新疆、青海三省区的交汇地。它南枕祁连山，西接罗布泊，北靠北塞山，东邻三危山，地理环境特殊。敦煌市航空、铁路交通方便，公路四通八达，且自古以来就是我国内地通往西域的咽喉要塞。敦煌世界地质公园位于敦煌市境内，由雅丹景区、鸣沙山月牙泉景区、自然景观游览区和文化遗址游览区组成，总面积2180.75平方千米。2001年被列为国

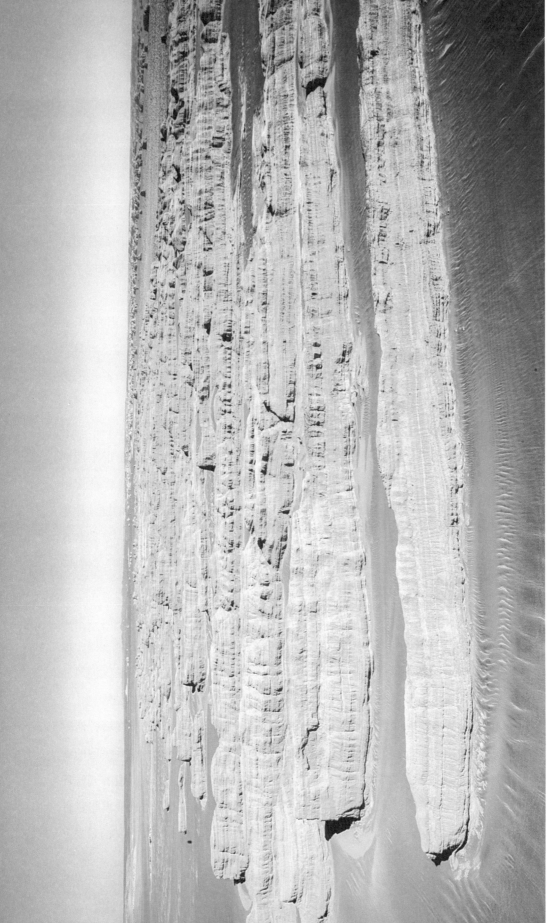

雅丹地貌——"舰队出海"（郝丹萌 摄）

家地质公园，2015年加入世界地质公园网络，之后成为联合国教科文组织世界地质公园。

地质遗迹资源

雅丹地貌

雅丹地貌是一种重要的地貌类型。"雅丹"一词源于维吾尔语，意为平顶的陡土丘。1899—1903年，瑞典地理学家、探险家斯文·赫定（Sven Heding）到我国新疆探险考察，在罗布泊附近发现了这种大范围分布的地貌。根据维吾尔族向导的读音，斯文·赫定将其拼写为"yardang"并写进了他的著作当中。随后中国学者由"yardang"翻译过来就成了"雅丹"。从此，"雅丹"就成为这类地貌的名称。

雅丹地貌是干旱地区典型的风蚀作用为主的地貌类型。受物质组成、构造裂隙、风向风力和季节性流水的影响，雅丹地貌可以呈现多种形态。在茫茫的黑色戈壁深处，雅丹犹如气势磅礴的远航舰队，在浩瀚无垠的大海上劈波斩浪。雅丹也像一座座神秘的城堡，纵横的沟谷犹如条条街道，石塔、石柱仿佛楼群、牌坊，更有拟人似物的雅丹：孔雀玉立、西域公主等，它们活灵活现、栩栩如生。然而，每当季风刮起的时候，恐怖的

呼啸似鬼哭狼嚎，令人毛骨悚然，这也许就是这里被称为"魔鬼城"的原因。

雅丹是一种年轻的地貌类型。从距今约250万年到13万年前，在盆地不同部位形成了洪积物、河流湖泊沉积物，它们构成了雅丹地貌的物质基础。

从距今约12万年以来，盆地缓慢抬升，雅丹地貌开始形成。季节性的洪流沿着早期的节理裂隙把地表侵蚀成多条沟谷。风力的吹蚀使沟谷不断加宽、加深，最终形成了近南北向延伸的垄岗状雅丹地貌；随着沟谷的进一步扩展和侧向风沿着近东西向裂隙的吹蚀，原来垄岗状的雅丹体被逐渐分割成墙状和岛状；在风与流水的继续作用下，雅丹体慢慢变成塔状、柱状、蘑菇状；侵蚀及重力作用的最终结果，使雅丹体坍塌、消亡。

这里是气候极端干旱区地貌类型的典型代表。在雅丹景区北部有广袤的黑戈壁，散布于戈壁中造型各异的风凌石，是大漠风沙雕琢的杰作，更增加了戈壁的神秘感。

库姆塔格沙漠的东缘与公园接壤，浩瀚沙漠的各种奇观在这里汇聚。各种类型的沙丘，多种形式的沙波纹，无不诉说着气候环境的变迁历史。黑色戈壁、浩瀚沙漠与雅丹地貌交相辉映，构成了公园奇特壮美的景观。

鸣沙山—月牙泉（郝丹萌 摄）

鸣沙山—月牙泉

　　鸣沙山—月牙泉位于敦煌城南 5 千米。这里沙山高耸，沙鸣震耳，更有那沙山环抱的一湾清泉，千年不涸，是中国西部极为震撼的地质奇观。

　　这里的气候干旱，全年多风少雨，四周多为戈壁。风所裹挟的沙粒受到三危山和黑石峰山的阻挡便沉落下来。随着时间的推移，最终形成了高耸入云的沙山。鸣沙颗粒由红、黄、绿、黑、白五种颜色的矿物和碎屑物构成，色彩缤纷。

　　鸣沙山以鸣声称奇。从沙山顺坡下滑，鸣声随之而起，初如丝竹管弦，继若钟磬和鸣，进而金鼓齐鸣。千百年来不知有多少人登上去又滑下来，但鸣沙山依旧巍然屹立，鸣沙之声仍然不绝于耳。鸣沙山的响声有两种：一种是"沙岭晴鸣"，即鸣沙山在盛夏晴天自生鸣响；另一种是"和声于人"，即鸣沙山"人登之即鸣"。对于鸣沙山沙响有多种科学解释，其中，最有说服力的是"共鸣说"。在电子显微镜下，可见沙粒表面有许多蜂窝状的小孔洞，这是长年风蚀、水蚀和化学溶蚀作用的结果。正是这些小孔洞构成了

"共鸣箱"，沙粒之间摩擦产生的细微声音被这些"共鸣箱"放大，于是就发出了悦耳的声响。

鸣沙山环抱之中的一湾清泉，形如玄月，夕阳映衬下波光粼粼，为苍茫沙海平添了许多妩媚风韵。月牙泉是地质作用和水文条件综合影响而形成的自然奇观。月牙泉处于党河冲洪积扇和西水沟冲洪积扇之间，松散的沉积物利于地下水流动，低洼的地势条件使地下水从冲洪积扇端溢出，这便成就了"天下沙漠第一泉"。尽管斗转星移，风啸沙鸣，但月牙泉依然碧水粼粼，如若明镜，一往情深地映照着鸣沙山。像鸣沙山月牙泉这样沙水共生、山泉相依、浑然一体的绝妙景致，怎能不让人为之心动呢！

历史文化

圣地莫高窟

敦煌因灿烂悠久的历史而名垂千古，因博大精深的文化而闻名于世。《汉书·地理志》中记载："敦，大也。煌，盛也。"意为敦煌是一个大而繁盛的城市，古今保存的众多历史文化便是那古丝绸之路上名城重镇的见证。

莫高窟开凿始于距今 1600 多年前（公元 366 年），在长约 1600 米的崖壁上共有洞窟 735 处。窟内现存有不同历史时期壁画 45000 平方米，彩塑 2400 余身，另有写本、帛画、纸画、织染刺绣等藏品超过 5 万件。

莫高窟还是人类艺术宝库与地质遗产完美结合的典范。这些内含精致壁画的洞窟就开凿在距今数十万年前形成的砂砾层当中，色彩艳丽且不褪色的壁画染料也多是来自天然矿物，从而使文化艺术与地质科学浑然一体。这里是"敦煌学"的发源地，是世界上规模最大、内容最丰富的画廊，是古建筑、雕塑和壁画三者完美结合的艺术宫殿，是世界上现存佛教艺术最珍贵的宝库，具有无可比拟的珍贵历史文化价值和艺术科学价值。1987 年莫高窟被联合国教科文组织列入世界文化遗产名录。莫高窟壁画中以"飞天"图案为奇，被赞誉为"天衣飞扬，满壁风动"，成为敦煌的象征。

阳关、玉门关

玉门关和河仓城遗址见证着丝绸之路的辉煌，承载着厚重的历史和文化。据历史记载，西汉时期的和田玉便是通过这个关口运入中原，玉门关由此得名。虽然历经千年沧桑，如今仍然屹立于戈壁风沙之中，蔚为壮观。玉门关现已列入世界文化遗产。

莫高窟（郝丹萌 摄）

阳关（郝丹萌 摄）

　　"劝君更尽一杯酒，西出阳关无故人。"阳关是古丝绸之路上的军事重镇，也是我国古代的"海关"。如今它雄姿依旧，与玉门关遥相呼应，构成了雄奇的两关遗址，仿佛在诉说着繁荣的过去，演绎着今日的辉煌。

　　拔起于茫茫戈壁的光伏产业园，太阳能板在阳光下波光粼粼，奠定了敦煌工业腾飞的基石。鸣沙山下的胡杨林唱响着生命的最强音。胡杨生而千年不死，死而千年不倒，倒而千年不朽。敦煌人正是以这种坚韧、顽强的精神，世代不息地开拓着自己的事业。每到深秋，胡杨泛起金韵，与鸣沙山交相辉映。

　　阅尽绝世景致，历览动情山水：这里是"丝绸之路经济带"的先驱；这里是极端干旱气候区地貌类型的典型代表；这里是举世瞩目的"敦煌学"发源地；这里是香飘千里的瓜果之乡。

雅丹夕照，月泉晓彻，沙岭晴鸣，大漠雄关。敦煌世界地质公园正在以新的面貌助力地方旅游发展！

（武法东）

敦煌世界地质公园

张楚岩

水击风磨造陆边，昆仑北望赤如烟。

山藏画壁佛藏洞，风献鸣沙月献泉。

戈壁滩头歌汉韵，玉门关外舞飞天。

驼铃响处传丝路，华夏文明照万年。

33 /

织金洞世界地质公园

ZHIJINDONG CAVE

UNESCO
GLOBAL
GEOPARK

织金洞世界地质公园地处贵州高原西部，位于贵州省毕节市织金县和黔西市境内。地质公园由织金洞园区、绮结河园区和东风湖园区组成，面积 183.31 平方千米。地质公园交通便利，高速公路、国道、省道及铁路等将地质公园及织金县与周边各城市连接，公园内公路及乡村道路覆盖全境，纵横成网，构成了地质公园外联各大城市、内接公园景点的密集交通网络。2004 年，被授予国家地质公园资格，2006 年被公布为国家自然遗产，同年织金洞国家地质公园揭碑开园。2015 年加入世界地质公园网络，之后成为联合国教科文组织世界地质公园。2022 年被国家文化

和旅游部评定为国家 5A 级旅游景区。

织金洞被称为"洞中王""第一洞天"，有"黄山归来不看岳，织金洞外无洞天"之说。

地质遗迹资源

织金洞世界地质公园内地质遗迹丰富，以岩溶遗迹为主，辅以古生物化石遗迹、地层岩石遗迹和构造遗迹等。它们共同构成了以洞穴、峡谷、天生桥、天坑为核心，集雄伟、典型、优美、珍稀于一体的高原喀斯特地貌景观。织金洞是目前世界上洞穴大厅分布密度最大、钟乳石分布密度最高、类型最丰富、

织金洞内的化学沉积物（织金洞世界地质公园管理局 提供）

织金洞景观——乌江源百里画廊大鹏展翅（织金洞世界地质公园管理局 提供）

形态最珍稀的旅游洞穴，具有洞穴喀斯特演化的系统性和完整性，是洞穴喀斯特中最为独特的自然美景和重要的美学价值区。

岩溶洞穴

织金洞是岩溶洞穴的典型代表，已探测的长度 12.46 千米，由 2 条主洞和 4 条支洞组成，分为上下 4 层共 47 个厅堂。织金洞有苗岭大厅、水晶宫、十万大山等 13 个洞穴大厅，它们的面积都在 3000 平方米以上。其中，最大的"十万大山"洞厅面积达 46200 平方米。织金洞洞穴总容积约 600 万立方米，洞

内密集发育各类次生化学沉积物，类型多样，分别代表了不同的形成条件。

以织金洞为核心的"织金洞穴群"由 16 个洞穴组成，主要分布于绮结河两岸的峰丛区域内，发育在下三叠统夜郎组黄椿坝段和永宁镇组灰岩中，实测总长度达 9086 米，海拔高度均在 950 米以上，为典型的高原岩溶洞穴，具有明显的成层发育规律。

次生化学沉积物

织金洞内次生化学沉积物非常发育。石笋众多，以巨型和大型石笋为主，造型独特，

多姿多彩。石柱众多，常常与石笋相伴生，也是织金洞最主要的化学沉积物，密集分布于洞内各处，同样多姿多彩。走进织金洞，洞顶悬挂的石钟乳令人目不暇接。它们规模不一，多呈上粗下细状，主要有旗状、帘状、盾状等形态。鹅管主要发育在第四层的水晶宫支洞中，成片发育，长度多在 10 厘米至 20 厘米之间，内径一般在 2 毫米至 6 毫米之间，下端多有水滴悬挂，表明它们正在生长。织金洞内石盾发育，形态多样、规模不一。它们往往与石钟乳、石笋等共生，组合形成盾形石柱、石钟乳和琵琶状石柱等，造型独特、罕见。石旗和石带广泛发育于洞穴各处，它们也多与石钟乳、石笋等共生，组合形成洞内多姿多彩的景观。石幔、石帘、石帷幕、石瀑布等形态的沉积物在织金洞中也均有发育，规模宏大，最高可达 30 余米，最宽近百米。多姿的化学沉积物共同构成了一幅幅场面宏大、惟妙惟肖的江山壁画。第二条主洞内的流石坝和石梯田规模宏大、壮观，总面积约 5300 平方米，目前在国内外也较为罕见。

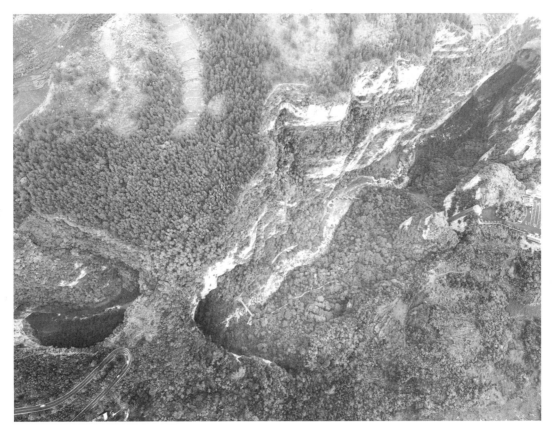

俯瞰大峡谷（吴东俊 摄）

岩溶峡谷

地质公园内的"织金峡谷"包括绮结河峡谷群和东风湖峡谷群。绮结河峡谷群主要由三甲、大槽口等多段峡谷构成，长约8千米，有V形、箱形及盲谷等形态。两岸群峰耸峙，河流明暗交替穿越其间。大槽口峡谷长约2千米，多呈箱形，两侧岩壁陡峭，沿途有燕子洞，犀牛望月天生桥，大、小槽口

天坑、天谷天生桥等，是绮结河峡谷最美的峡谷段。东风湖峡谷群主要由卢家渡、化屋基等五段峡谷构成，全长约38千米，属六冲河下游河谷。在纵向上河谷形态差异较大：上段较开阔，宽300米至1000米，深100米至350米；下段较狭窄，宽80米至350米，深200米至500米，有箱形、V形等。峡谷与两侧的动物和植物构成了自然、优美、和

塌陷型溶岩天坑与天生桥(张久立 摄)

苗族蜡染（周访华 摄）

谐的生态环境。

岩溶天坑、天生桥

地质公园范围内有大槽口、小槽口等 7 个大、中、小型的塌陷型天坑，组成"织金天坑群"，分布在 42 平方千米的区域内。有 5 座天生桥相间横跨于绮结河峡谷上，组合成为具有上、下双层结构的极其独特的织金天生桥群。其中，天谷天生桥最具观赏性，而犀牛望月天生桥是目前国内外罕见的巨型

双孔弯曲状天生桥。

生态环境

织金洞世界地质公园属地气候适宜，自然条件良好，动植物资源丰富。地质公园所在区域的植被为以栲、樟为主的常绿阔叶林，具有垂直分布特征：海拔 1000 米至 1300 米是以常绿树种青冈、细叶青冈为主的常绿阔叶林带；海拔 1400 米至 2200 米是常绿、落

叶混交林带；海拔 2200 米以上为杜鹃、箭竹灌丛，或为山地草甸。公园内有珍稀濒危植物物种 27 种，其中国家一级珍稀濒危植物物种 5 种，国家二级珍稀濒危植物物种 7 种。

地质公园范围内栖息的野生动物有 50 多种，其中属于国家保护动物的有短尾猴（大青猴）、猫头鹰、红腹锦鸡等。此外，尚有昆虫类 245 种、蜘蛛类 44 种，其他类型 9 种。地质公园内珍稀濒危动物物种有 18 种，其中国家一级保护动物 3 种，国家二级保护动物 15 种。

历史文化

地质公园属地历史悠久，文化底蕴厚重。地质公园在开发建设过程中注重对民族文化和非物质文化遗产的挖掘与保护，注重民俗的传承。体现少数民族文化的苗族"跳花节"、彝族"火把节"、穿青人"庆五显坛"、苗族射弩、穿青人民俗、歪梳苗服饰等都脍炙人口。人文史迹包括官寨古镇、蜡染工艺、织金砂陶等。具有特色的村落有下红岩村、屯上村、溶谷苗寨等。体现地方特色的产品有织金竹荪、织金蜡染刺绣以及野生天麻等。在饮食方面，织金水八碗、织金发糕、滚米团、宫保鸡丁、血豆腐、荞凉粉、农家土制烟熏腊肉、油炸洋芋、卤粉、唐记酸汤粉等都非常具有织金特色，是各地游人争先品尝的佳品。

（武法东）

西江月·织金洞世界地质公园

程　骋

千尺幽坑惊鸟，百寻深谷回肠。天桥渡客去何方，洞府迎宾几场。

石瀑固凝岁月，琵琶倒奏歌章。问君谁造此仙乡，点点水滴作响。

34 /

阿尔山世界地质公园

ARXAN

UNESCO
GLOBAL
GEOPARK

阿尔山世界地质公园位于内蒙古自治区兴安盟阿尔山市，由四个园区构成一个完整区域，即天池园区、温泉园区、哈拉哈园区和好森沟园区，公园总面积3653.21平方千米。阿尔山地质公园始建于2004年，2004年取得国家地质公园建设资格，2014年成为世界地质公园候选地，并于2017年正式加入世界地质公园大家庭。

火山王国 温泉胜地

阿尔山全称哈伦·阿尔山，系蒙古语，意为"热的圣水"，位于内蒙古自治区东北部，横跨大兴安岭西南山麓，是呼伦贝尔、科尔沁、锡林郭勒和蒙古四大草原交汇处，属于森林和草原过渡地带。阿尔山不仅有独特的温泉资源，更有丰富的火山地质遗迹，它把火山和温泉融为一体，于是，"火山王国，温泉胜地"就成为阿尔山最响亮的一张名片。

阿尔山地处大兴安岭山脉中段西南部，属中低山区，主要地貌形态有构造剥蚀中低山、玄武岩台地和冲积河谷平原。区内海拔高度在820米至1748米之间，平均海拔1100米。总的地势是西南低东北高，地形呈中山—低山—丘陵过渡特征。

阿尔山世界地质公园博物馆（阿尔山世界地质公园 提供）

资源特色

　　阿尔山地质公园地处天山—兴安褶皱带东段和新华夏系构造体系大兴安岭巨型隆起地带的复合部位，位于中国地形界线的分带和地壳厚度的过渡带，在火山构造单元上属于大同—大兴安岭新生代火山活动带。其内发育了大量具有国内乃至全球对比意义的地质遗迹，主要有典型的地貌遗迹（火山地貌、花岗岩地貌、河流地貌）、水体景观（温泉、火山成因湖泊、风景河段）等。尤以各种火山地貌，以及与火山成因有关的各种湖泊和众多温泉群为主要特色，辅以千姿百态的花岗岩山峰和千回百转的高原曲流河；由于火山喷发物经风化后形成了肥沃的土壤，阿尔山植被覆盖率高达95%，森林覆盖率为65%，为地质遗迹保护营造了良好的自然生态环境。

火山地貌

　　阿尔山地质公园内的火山群喷发时代新，主要为第四纪，火山活动具有多期性，可分为中更新世、晚更新世和全新世3期，形成了规模壮观、种类齐全且极具代表性的火山地貌景观，反映了火山地貌发育的整个过程，

是综合研究火山地质作用的良好基地，对研究中国东部火山岩的时空分布和成因机制具有重要的科学价值，在中国新生代火山的研究中占有十分重要的地位，历来是各高校与各科研机构专业人员研究的重点地区；同时，阿尔山火山群是中国重要的活火山活动区，根据这些火山地质遗迹可以反推火山活动的情景，重建火山喷发过程，并根据所恢复的火山作用预测火山再次喷发的时间、范围和强度，为地质灾害预警研究提供地质学信息。

　　火山机构　强烈的火山喷发活动在阿尔山河谷两侧的熔岩台地上留下了46座火山，排列方向大致呈北东向。这些火山海拔均在1000米以上。阿尔山地质公园内火山数量多，保存完整，在空间上、时间上先后地叠置或同期地并列，是中国火山分布最为密集的地区之一，是研究中国第四纪火山形成与演化的良好资源，具有重要的科学意义和观赏价值。

　　火山熔岩　阿尔山地质公园内火山的喷发方式多样，有夏威夷型、斯通博利型、布里尼型及玛珥型，早期以斯通博利式喷发为主，晚期为大规模的熔岩流溢出，从而形成了类型齐全的熔岩喷发物与熔岩构造，有翻花石、石海、绳状熔岩、结壳熔岩、熔岩台地、熔岩冢、熔岩洞、熔岩隧道、喷气锥、喷气碟等，在火山学文献或图册中提及的各种火

火山口（阿尔山世界地质公园 提供）

岩山火山（阿尔山世界地质公园 提供）

火山熔岩地貌——龟背岩（阿尔山世界地质公园 提供）

山熔岩地貌在阿尔山地质公园内均有出现且保存完好，其系统性、多样性和分布的密集程度在世界同类型地貌中罕见，是中国乃至世界范围内最为典型的火山熔岩地貌的代表。其中公园内发现的龟背状熔岩构造是目前为止在中国发现的唯一一处规模大、发育好、保存完整的龟背状熔岩构造，在全球范围内也属罕见，作为一种独特的结壳状熔岩流，不仅具有较高的美学价值和观赏价值，更是研究火山熔岩地貌形成、发展和演化的最佳场所；此外，公园东部石塘林处约40平方千米的范围内集中分布了数以百计、排列整齐、

形态完整的熔岩冢和喷气锥，其规模和完好性在国内实属罕见，反映熔岩流曾流经湿地或沼泽河谷地带，对研究熔岩流的性质和喷溢状态具有重要价值。

火山湖泊景观　地质公园内湖泊众多，其中大多与火山作用有关，按照不同的火山作用成因分类，公园内共有6个高位火山口湖、1个低平火山口湖（玛珥湖）、1个火山熔岩塌陷湖和6个串珠状规律分布的火山堰塞湖，是世界上迄今发现密集程度高、数量多、种类全的火山成因湖泊分布区之一。其中，地池是典型的夏威夷式火山喷发而形成的湖

高位火山口湖——天池（阿尔山世界地质公园 提供）

泊，其水位低于地平面，这种由于火山口熔岩塌陷形成的平底凹陷火山口湖在中国是唯一的，在世界其他地区也只有在非洲和美国发现过，对于研究火山活动演化具有特殊的地质和科学意义，它的独特性和稀有性具有巨大的研究价值和保护价值。

泉水景观

受新生代强烈的造山运动影响，阿尔山地区形成了一系列的断裂带，同时多期次的火山活动不仅造就了大规模的火山地质遗迹，也为阿尔山温泉群的形成提供了构造条件，地下水沿断裂带流动并不断发生矿化作用，最终出露地表，形成阿尔山温泉。阿尔山火山和温泉特殊地貌类型的组合，激发了人们探索自然奇观的兴趣。

公园内发现的温泉群有4处，即五里泉、疗养院温泉群、金江沟温泉群和银江沟温泉群，共计76眼，最高温度48℃，最低温度1℃，按水文地质分类，分为热泉、中温泉、低温泉、冷泉四类；泉水中含有重碳酸根、偏硅酸根、硫酸根等多种弱酸与弱碱物质，并含有丰富的矿物质和有益元素，均达到了饮用天然矿

驼峰岭火山口（天池）（程捷 摄）

泉水标准；在临床医学上，这些温泉群可以治疗运动器官、消化系统等多方面疾病，具有显著的医疗保健作用。史料记载，清朝咸丰年间，就开始修建浴疗池并接待国内外洗浴者。

自然文化

阿尔山地区，特别是哈拉哈河流域，自古以来就是我国北方游牧民族的摇篮，是蒙古族的发祥地之一，此地居民被称为"林中

阿尔山火车站（阿尔山世界地质公园 提供）

中国地质大学（北京）研究生在野外（阿尔山世界地质公园提供）

的百姓"，世代以狩猎和游牧为生。

阿尔山同时也是中国东北重要的边境城市，区内保留有规模庞大的历史遗迹，如阿尔山火车站、南兴安隧道、大和旅社、诺门罕战争遗址等，是重要的国防教育基地和爱国主义教育基地。

阿尔山具有独特的文化底蕴。传统祭祀活动"祭敖包"、草原盛会"那达慕"、异彩纷呈"杜鹃节"、"林俗文化艺术节"、夏日盛会"圣水节"、北国风情"冰雪节"和金秋冰雪"摄影节"都体现了阿尔山地区蒙元文化、森林文化、温泉文化、火山文化和冰雪文化的深刻内涵。

（王璐琳）

阿尔山世界地质公园

薛思雅

取火成山貌，腾腾热浪生。

温泉滑玉骨，彩木缀池庭。

轻抚玫瑰血，遥追太祖风。

星辰千万眼，此处最多情。

35 /

可可托海世界地质公园

KEKETUOHAI

UNESCO
GLOBAL
GEOPARK

可可托海世界地质公园位于新疆伊犁州阿勒泰地区，跨富蕴县和青河县，距富蕴县城33千米。其北起喀拉都尔根河，南至卡拉先格尔，西起喀拉格曾，东至喀拉卓勒、塔依特，海拔1072米至3234米，面积2337.9平方千米，由额尔齐斯大峡谷、三号矿、萨依恒布拉克、可可苏里及卡拉先格尔五个景区组成。公园以典型的花岗伟晶岩型稀有金属矿床和矿山遗址、独特的阿尔泰式花岗岩地貌、富蕴地震遗迹和额尔齐斯河秀丽的大漠风光而闻名于世。2005年可可托海地质公园被批准为国家地质公园，2017年可可托海地质公园被批准为世界地质公园。

属地可可托海

可可托海不是海，蒙古语意为"蓝色的河湾"，哈萨克语意为"绿色丛林"，素以"地质矿产博物馆"享誉海内外。

富蕴县境历史上相继有丁零、塞克、匈奴、鲜卑、柔然、突厥、蒙古以及现在的哈萨克等部落和民族生活于此。其中，汉代为匈奴地，隋唐属西突厥，元代为蒙古诸王封地，明代为瓦剌民族牧地，清代属科布多参赞大臣管辖。经过不断的更新改制，于1984年正式批准为可可托海镇，并被称为额尔齐斯河第一镇。数千年来，各族人民在长期的历史发展

神钟山（杨孝 摄）

过程中，用自己的勤劳、勇敢和智慧，共同创造了灿烂的草原文化，成为中华民族历史的一个重要组成部分。可可托海镇的发展与矿区的建设紧密相连。1930年此地发现稀有金属矿藏，1951年中苏合营大规模开采，人员激增，使得可可托海霎时成为一座朝气蓬勃的矿业小镇。

资源特色

可可托海是中国第一个以典型矿床和矿山遗址为主体景观的地质公园，加上独特的阿尔泰山花岗岩地貌景观和富蕴大地震遗迹，使它具有了丰富多样的科学内涵和美学意义，具有世界罕见的珍稀价值，构成了新疆环准噶尔神秘旅游线上一道耀眼的风景线。公园内的三号矿为世界级的花岗伟晶岩矿床，发现矿物84种，被誉为天然矿物博物馆，与世界上同类矿脉相比，三号矿脉中的铍资源储量居世界第一，加上有世界地震博物馆之称的卡拉先格尔地震断裂带、北国江南之誉的可可苏里、中国第二寒极伊雷木湖以及由特殊的地质构造、风雨侵蚀和流水切割形成的著名的额尔齐斯大峡谷等，使之成为集山景、水景、草原、奇石、温泉等奇观于一体的世界地质公园。

可可托海矿业遗迹

可可托海矿床发现于1935年，经勘探确定为世界级的大型花岗伟晶岩稀有金属矿床。715平方千米的矿区出露伟晶岩脉共25条，其中盲矿脉14条。伟晶岩脉长10米至2000米，一般350米至740米；厚1米至150米，一般1米至7米，有的可达40米至60米；垂直埋藏深度达1000米以上，一般100米至200米。可可托海矿床包括1、1A、1b、2、2A、2B、2δ、3、3a、3δ、3B等矿脉。其中以3号矿脉为主体，矿脉体形态独特，呈巨型草帽状；具有完整清晰的9个矿物分带，发现的矿物达84种（包括变种），主要矿物有锂辉石、锂云母、绿柱石、铌锰矿—钽锰矿族。3号矿脉开采所遗留下来的采矿坑，长250米、宽240米、深约140米，形成13层旋环运矿车道，气势磅礴，犹如古罗马巨型"斗牛场"。3号矿脉在2000年实施政策性闭坑停采后，由额河渗流补给的河水已将矿坑充满，形成一个深达90余米的美丽湖泊，犹如一颗巨型的海蓝宝石镶嵌在额河边上，成为这一超大型稀有金属矿山的遗址奇观。

三号矿坑（杨孝 摄）

卡拉先格尔地震塌陷区（杨孝 摄）

富蕴地震断裂带地震遗迹

1931 年 8 月 11 日，在可可托海以南的卡拉先格尔一带，发生了史称"富蕴地震"的 8 级大地震，地震区南起青河县的强坎河，北达可可托海盆地，留下长达 176 千米的地震断裂带。这次地震几乎影响了全球，有强烈震感的范围直径达 2500 千米，甚至南美洲的圣安胡地震台也记录到长达 3 小时的震波。

伊雷木湖　海拔 1710 米，伊雷木哈萨克语意为旋涡，是富蕴大地震形成的断裂湖，后又经拦河筑坝形成水库型湖泊。该湖南北长 5 千米至 6 千米，东西宽 1 千米至 2 千米，蓄水 1113 亿立方米，湖水最大深度为 100 米。

可可苏里　又称"月亮湖"或"野鸭湖"。湖面积 179 公顷，平均水深 2 米。湖中有大小浮岛 20 多个。湖中水生植物丰富。春季成千上万的野鸭、水鸟、红雁云集在此繁衍生息。

额尔齐斯河上游花岗岩地貌

额河上游的花岗岩山峰，著名的有神钟山、石柱山等，尤其是神钟山，峭壁插云，悬崖逼水，孤峰傲立，为阿勒泰山景之最。这些山峰主要是由距今约 4.19 亿年至 2.15 亿年前古生代加里东—海西期的花岗岩岩体构成，山峰多呈钟状、穹状、锥状、层状、梯田状，且几乎完全呈裸露的石峰，表面形态既圆润平滑，又十分陡峭，千仞绝壁，雄伟壮观。花岗岩山体山峰表面多有呈密集蜂窝状的"佛龛"，以及好似凝固的巨瀑一样的竖直沟槽，点缀于峰体表面，丰富了花岗岩峰体的地质内涵。这些独特的花岗岩石峰和围绕它的以杉树、松树、桦树和杨树为主的寒温带森林，以及叠石湍流的额尔齐斯河相得益彰，形成了具有鲜明地域气候特点和地质特点的阿尔泰花岗岩地貌景观，勾勒出一幅粗朴、苍凉、静幽的西域山水画。

自然文化

植被垂直自然带

可可托海地质公园海拔 1072 米至 3234 米，为西伯利亚—蒙古山地植被垂直带，共发育了 7 个完整的垂直自然带，自下而上依次为：荒漠草原带（1000 米至 1300 米）、山地草原带（1200 米至 1400 米）、森林草原带（1300 米至 2200 米）、高山和亚高山草甸带（2200 米至 2400 米）、高山嵩草芜原带（2300 米至 2800 米）、高山苔原与高山稀疏植被带（2700 米至 3200 米）、冰雪带（3200 米以上）。其中，旱生的荒漠草原

伊雷木湖（杨孝 摄）

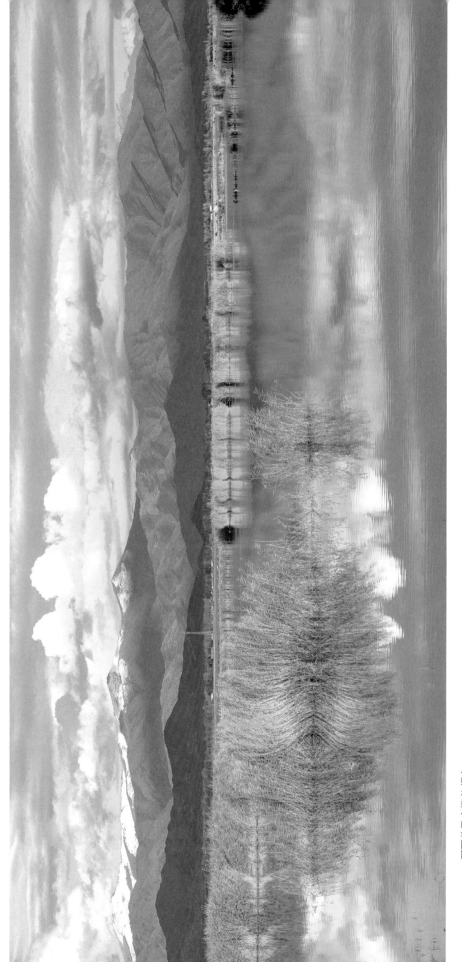

可可苏里（杨孝 摄）

带较为发育，山地植被旱化更强。

草原游牧文化

可可托海是一个多民族聚居地，由汉族、哈萨克族、维吾尔族、回族、蒙古族等民族构成，其中，以哈萨克族草原游牧文化最具代表。富饶美丽的可可托海养育了勤劳、善良、勇敢、好客的哈萨克民族，哈萨克族自古以来以游牧为生，世代从事畜牧，"逐水草而居"，被称为"马背上的民族"。在可可托海，卓有特色的马术表演、阿肯弹唱、叼羊、姑娘追等文化体育活动，构成传统文化主旋律。

哈萨克族冬不拉曲子

冬不拉弹唱以哈萨克族的弹拨乐器冬不拉伴奏而得名，表现形式多种多样，一般以自弹自唱为主。冬不拉弹唱是哈萨克族的口头文学，内容极为广泛，有史诗、叙事长诗、庆贺歌、新娘歌、摇篮歌等，通过代代口头传唱而保存下来。

（王璐琳）

鹧鸪天·可可托海世界地质公园

曾入龙

额尔齐斯万古流，一泓澄碧涤烦忧。沙鸥每自丛芦出，峡谷时因落日幽。
阿尔泰，久淹留，牛羊嘶号我回眸。倾心最是伊雷木，北极茴鱼浅底游。

36 /

光雾山—诺水河世界地质公园

GUANGWUSHAN-NUOSHUIHE

UNESCO
GLOBAL
GEOPARK

光雾山—诺水河世界地质公园地处中国南北地质、地理过渡带，位于秦岭南坡四川省巴中市南江县（光雾山园区）、通江县（诺水河园区）境内，北临陕西汉中，南濒四川盆地，东为大巴山主脉，西接龙门山，总面积 1818 平方千米。该地质公园于 2006 年开始建设，2009 年获得国家地质公园建设资格，2018 年加入世界地质公园网络。

独特区位

秦岭—大别山造山带被称为"中央造山带"。这个造山带是南方扬子板块与北方华北板块的结合部位。光雾山—诺水河世界地质公园大地构造位置就处于扬子板块的北缘、中央（秦岭）造山带南缘，属龙门山陆内复合造山带、秦岭造山带与四川盆地三者之间的盆山转换地带。地质公园内的地质遗迹包括扬子地块北缘沉积序列、喀斯特地貌、瀑潭水体景观、构造地貌等，使得这里是研究盆山构造转换关系，以及大陆动力学最典型的区域，是解析四川盆地、秦岭造山带以及特提斯外围盆地地质历史演化，乃至整个扬子地块演化史的重要场所，是中国南北喀斯特地貌的分界线。

珍珠沟冷潭瀑（光雾山—诺水河世界地质公园 提供）

贾郭山岭脊型峰丛（光雾山—诺水河世界地质公园 提供）

丰富多彩的地质遗迹

在地质公园由北向南径流的诺水河、大通河等峡谷中，不仅形成了幽谷飞瀑碧潭的美景，尤为特殊的是在不到百里距离内，依次连续出露地质学上的太古宇、元古宇以及震旦系、寒武系、奥陶系、志留系、二叠系、三叠系、侏罗系、白垩系、新近系和第四系岩层，共计32个地层组，构成一处天然地质大断面，这个大断面就是地质学上的地质剖面，被称为桃园—诺水河剖面。这个地质剖面完整记录了跨时长达33亿年的地质演化历史和生物演化过程，是研究扬子板块演化发展的一个重要窗口。它是中国乃至世界上研究古大陆形成演化、中新生代陆内造山带的天然地质博物馆。

光雾山—诺水河世界地质公园处于南北气候过渡带，特殊的地理位置和气候条件在地质公园形成了壮观的岩溶地貌景观，包括地表和地下岩溶地貌，是中国南北岩溶过渡地区岩溶地貌的典型代表，是研究中国岩溶的理想场所和关键地区。地表岩溶中尤以岭脊型峰丛最具代表性。连绵不断的山峰，顶部分离而基座相连，宛若天然长城。这些峰丛发育于震旦系白云岩、白云质灰岩中，海拔约1800米，面积近30平方千米。公园的世界级地质遗迹之一贾郭山峰丛由11座山峰相连，绵延约10千米，近南北展布，两侧则为绝壁、深涧。峰丛每个峰柱形状各异，陡峻峭拔，似剑如棒，或纤瘦清峻，或浑圆丰厚。岭脊型峰丛主要受构造控制，呈线状分布，具有独特性和极高的美学价值、科学价值。

地下岩溶以诺水河洞穴群为代表。溶洞群发育于诺水河一带，洞穴分布密度达1.33个/平方千米，分别位于海拔500米至800米、800米至1000米、1000米至1500

石塔林（光雾山—诺水河世界地质公园 提供）

亿万鹅管（光雾山—诺水河世界地质公园 提供）

米及 1600 米以上 4 个不同高度上，反映了该地区经历了 4 次抬升运动。这些溶洞分别发育于 4 个地质时代的地层中，是国内外分布密度最大的洞穴群之一，是发育母岩地质时代最多的洞穴群之一。这些岩溶洞穴的形态各异，主要为廊道型和厅堂型，此外还有袋形、缝隙型、喇叭型、藕节型、井型等，洞穴内的景观也各具特色，大型石瀑布、石盾群、亿万鹅管等，使得该洞穴群犹如一个喀斯特洞穴博物馆。诺水河洞穴群的洞穴系统及洞内各种沉积景观，记录了 320 万年以来特殊气候条件下喀斯特洞穴的形成演化过程。

亿万鹅管也是光雾山—诺水河世界地质公园内的世界级地质遗迹，密集发育于龙湖洞之中，单片面积近 800 平方米，单个长一般为 30 厘米至 50 厘米，直径 1 厘米至 3 厘米之间，壁厚 0.5 毫米至 7 毫米，数量亿万计，故名亿万鹅管。而在国内外其他洞穴中，绝大多数只是零星分布，单片发育面积多介于 10 平方米至 30 平方米。因此，龙湖洞的鹅管群是目前世界上已发现的单片发育面积最大的鹅管群。

在地质公园的岩石中，发育有大量的古生物化石，这些化石能够帮助我们了解地质

九龙争艳（光雾山—诺水河世界地质公园 提供）

公园的地质发展历史，具有重要的价值。尤其是在地质公园侏罗纪时代的地层中，发现有董氏蜀兽（Shuotheriumdongi）、三列齿兽科（Tritylodontidae）等古老的哺乳动物化石。其中董氏蜀兽由中科院周明镇院士命名，并以此建立了"蜀兽目"，该化石的发现，对生物演化序列的研究具有重要意义。

别样的自然生态

光雾山—诺水河世界地质公园位于川、甘、陕交界处，自然地理位置特殊，动植物资源丰富。公园共有森林植物170余科，870余属，2100余种，属国家重点保护野生植物15种。其中堪称"植物活化石"的水青冈，

米仓古道（光雾山—诺水河世界地质公园 提供）

空山天盆（光雾山－诺水河世界地质公园管理中心 提供）

全世界仅有 11 种，而公园就有 4 种，均为特有种，分布面积达 70 余平方千米，是世界水青冈属植物的起源和现代分布中心之一，也是国内目前水青冈属植物保存面积最大的地区。丰富的森林资源使得该世界地质公园范围内还建设有米仓山和空山两处国家森林公园。在动物地理划界上，公园横跨东洋界和古北界，十分罕见。公园有兽类、鸟类、两栖爬行类、鱼类、昆虫等各类动物 37 目 160 科 597 种。其中属国家重点保护野生动物 48 种。建设有诺水河珍稀水生动物国家级自然保护区和焦家河重口裂腹鱼国家级水产种质资源保护区。

巴蜀文化

"蜀道难，难于上青天。"公园独特的地质环境形成了特殊的蜀道文化。从秦汉时期开始，米仓古道成为沟通古代黄河文明和巴蜀文明的主要通道。米仓古道打破了四川地理上的封闭，展示了四川人寻求开放、学习、交流的思想，以及勇于探索的精神。2015 年，由米仓古道组成的蜀道被联合国教科文组织世界遗产中心列入世界遗产预备名录。沿米仓古道，不同朝代和各种文化都留下了各自的痕迹。从秦汉时期的官仓坪、牟阳故城到唐宋时期的巴中石窟、平梁城，再到近现代时期的白衣古镇、恩阳古镇，都是当地的重要历史文化遗产。

光雾山—诺水河世界地质公园也属于巴文化区。当地的巴文化，根植于民间，有着丰富多样的形式和内容。能歌善舞是巴文化的特色，这里特殊的非物质文化遗产薅草锣鼓、巴中皮影、茅山歌、巴山背二歌等，在歌舞中传唱着地质公园建设的新华章，在舞动中焕发出了这片古老土地新的发展活力。

（孙洪艳）

光雾山—诺水河世界地质公园

魏　总

红叶黏天裹雾龙，溪流赤足听山松。
林中忘我已为得，未必瑰奇在顶峰。

37 /

黄冈大别山世界地质公园

HUANGGANG DABIESHAN

UNESCO
GLOBAL
GEOPARK

黄冈大别山世界地质公园位于湖北省东北部，大别山南麓，长江中游北岸。北接河南省信阳市，东连安徽省六安市，南与江西省九江市，湖北省黄石市、鄂州市隔江相望，西邻武汉市、孝感市。行政区划涉及黄冈市麻城市、罗田县、英山县等两县一市，公园面积2625.54平方千米。该地质公园于2009年获得国家地质公园建设资格，2018年获批成为世界地质公园。

作为中国中央山系地质—地理—生态—气候分界线的重要组成部分，黄冈大别山世界地质公园保留了自太古代以来地球演化所产生的多期变质变形作用形成的地质遗迹，

具有全球对比意义；以花岗岩山岳地貌为特征，汇"峰、林、潭、瀑"于一地，集民俗风情、历史人文于一体，层峦叠翠、雾海流云、鸟语花香，是地学研究的天然实验室和造山带研究基地，也是生态环境优良、历史文化厚重、科普价值极高的自然保护地。

造山带古迹

秦岭—大别山造山带是一条全球著名的造山带，又被称为中央造山带，包括秦岭、大巴山、米仓山、大别山和积石山以北的广大地区。大致以徽成盆地和南阳—襄樊盆地

九龙山古陆核分布区（胡正平 摄）

为界可把造山带沿走向分为三段，分别称为西秦岭、东秦岭和桐柏—大别山造山带。大别山属于秦岭—大别山系东脉，在大地构造上处于华北板块和扬子板块的结合带。

在黄冈大别山世界地质公园及周边区域，出露了国内罕见的距今28亿年前的古老变质岩和26亿年前的原始造陆侵入岩。这套侵入岩为英云闪长岩（Tonalite）、奥长花岗岩（Trondhjemite）、花岗闪长岩（Granodiorite）组合，根据英文名称的首字母缩写而被称为"TTG岩系"。"TTG岩系"的岩石在太古代时期的成因有特殊的地质意义，一般认为，TTG成分岩石的大量出现，代表了大陆地壳的生长事件。黄冈大别山世界地质公园的这两类变质岩都被认为是原始古陆核形成的证据，被誉为"大别山之根"。

黄冈大别山地质公园发育有目前世界上出露最完整的高压、超高压变质带岩石——榴辉岩。这类岩石一般是在高压（压力2.0—3.0GPa）环境下形成的，常分布于造山带之中，与岩浆和板块活动有关。该地质公园的榴辉岩是距今2亿年前华北板块与扬子板块相遇时，扬子板块俯冲到华北板块下部，在地下深处压力很高的条件下形成的，随着后期的构造隆升又被带到地表。这里的榴辉岩是研究中国南北两大板块汇聚过程和地球动力学

的重要窗口之一，为大别山碰撞造山提供了充分的证据。

造山带是地壳的缩短带。如果我们从两侧推挤一块平铺的长条状布料，布料会变短且挤压堆叠变高。造山带形成时也会发生这样类似的现象，只是挤压变形的是相对坚硬的岩层。岩层在挤压变形时会发生强烈褶皱，甚至断裂。造山带形成时，在地壳深处（大于10千米至15千米）的岩层发生挤压变形并发生明显的剪切位移，但并没有破裂，具有"断而未破，错而似连"的特点，这种变形带在地质学上称为韧性剪切带。黄冈大别山地质公园有多条这样的韧性剪切带出露。邓家山—芦家河韧性剪切带长约19千米，宽约1千米。麻城—团风出露的三合湾韧性剪切带长大于40千米，宽大于4千米，是目前中国大陆发现的最大韧性剪切带。在这些剪切带里，可以看到岩层各种揉搓变形的特征。还有距今1.7亿年前、1.24亿年前、6500年前形成的花岗岩，也属于造山带花岗岩。它们共同记录了大别山造山带的形成与演化过程。

花岗岩新貌

隆起的大别山经历了长期的风霜雪雨的

中国脊梁大别山（江耀龙 摄）

天堂寨花岗岩地貌（华仁摄影）

花岗岩石锥（杨金洲 摄）

洗礼而形成错综复杂的地形地貌景观。这里出露的花岗岩在风化作用、流水侵蚀和生物参与作用下，大者或形成浑圆山峰，或形成两侧陡峻、高低起伏的山脊，小者或成石柱，或碎块累叠成各种造型的象形石。有"中原第一峰"之美称的大别山主峰，就是一处花岗岩山峰，其山连吴楚，水接江淮，登临绝顶，可北望中原，南眺荆楚，巍巍群山尽收眼底，茫茫天地网罗其中，是一处登高和观日出的理想之地。九道箍也是一处浑圆形花岗岩山峰，因山上有数圈灌木林带环绕，故名"九道箍"。在花岗岩山峰之间，峡谷深切，流水自高处跌落，形成壶穴深潭、流泉飞瀑等景观。

多样性生物

湖北黄冈大别山地区地形地貌复杂，气候温和，蕴藏着丰富的生物。在第四纪大冰期气候变冷时期，大别山地区成为植物的避

龙潭河大峡谷俯瞰（舒胜前 摄）

难所，保存了较多的古老孑遗植物和特有种属。该地区的生物多样性使其成为中国七大重要基因库之一和中原地区的物种资源库，并被列入《中国生物多样性保护行动计划》中的"中国优先保护生态系统名录"，具有很高的保护和科研价值。这里有国家森林公园和省级森林公园10多处，国家自然保护区1处。森林覆盖率达到90%以上，森林群落保存完好，被誉为华中地区的"绿色明珠"。公园内动植物资源十分丰富，其中野生维管植物1461种。大别山五针松被列为国家珍稀树种第一批二级保护树种，国家二级重点保护野生植物。位于麻城龟峰山的杜鹃群落是世界种群面积最大、保存最完好、树龄最古老、分布最集中、群落结构最纯、株形最优美、景观最壮丽的原生态古杜鹃植物群落。大别山野生动物种类丰富，目前已知有脊椎动物4纲26目65科208种。在这些种类中处于极度濒危和长时间不断减少的种类有140种。其中重点保护野生动物27种，如中华秋沙鸭、

英山县南武当武圣宫（张新安 摄）

商城肥鲵、原麝、金钱豹、金雕、大鸨和白鹳等。

厚底蕴文化

黄冈大别山地质公园所在区域人文历史悠久，最早可追溯至旧石器时代。这里有保存完好的鸠鹚古国遗址、巴水蛮族先民遗迹、

新屋塆明清时代古民居建筑群等人居建筑，青苔关、翁门关、铜锣关等雄关要塞，罗田县胜利老街遗址、九资河民俗风情区历史建筑、英山县吴家山道教圣地南武当武圣宫等遗址建筑，还有罗田左家沟村、紫薇山庄、潘家塆村等古村落，增添了地质公园的文化底蕴。这里还有丰富的民宿文化，传承着文曲戏、浠水民歌、天狮子、东路花鼓戏和英

山黄梅戏等多种非物质文化遗产，东腔戏、三百六十调情歌板腔、舞狮、采茶戏、高腔、采莲船和大头舞等久负盛名。黄梅戏是中国五大戏曲剧种之一，起源于湖北，是我国首批非物质文化遗产保护项目。

（孙洪艳）

黄冈大别山世界地质公园

凌钺一

休言山岳不能劘，变质变形侵复嵌。
今我从何知太古，石榴云母片麻岩。

38 /

沂蒙山世界地质公园

YIMENGSHAN

UNESCO
GLOBAL
GEOPARK

一处太古宙岩浆熔铸的古陆核心
一轴亿万年地球续展的历史长卷
一阙数千年文化谱写的东夷神曲
一尊近代史热血铭刻的沂蒙丰碑

滔滔沂水长，巍巍蒙山高！天地之眷顾、造化之神秀，成就了灵秀的沂水蒙山；历史之厚重、文化之灿烂，哺育了智慧的沂蒙儿女。亿万年风雨雕琢的山山水水，诉说着地球发展的历史故事，引游人看客欣然前往，令专家学者流连忘返。

沂蒙山世界地质公园位于山东省临沂市境内，由蒙山园区、钻石园区、岱崮园区、孟良崮园区和云蒙湖园区组成，总面积1804.76平方千米。沂蒙山世界地质公园属地交通便利，现有的"一个机场、三条铁路（含一条高铁）、五条高速公路"与建设中的另一条高速铁路，形成了完善的立体交通体系，架起了沂蒙山通向四面八方的桥梁。2001年建立沂蒙山国家地质公园，2003年国家地质公园揭碑开园。2019年被批准为联合国教科文组织世界地质公园。

科马提岩及其中的鬣刺结构（王世进 摄）

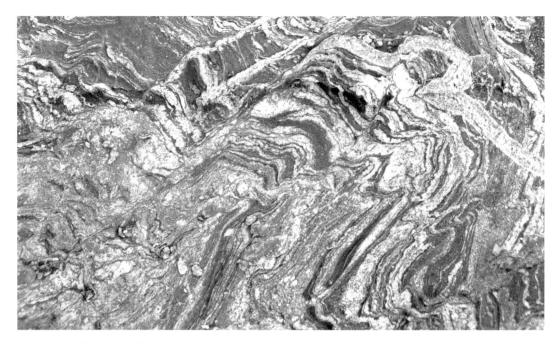

26 亿年的片麻岩（武法东 摄）

地质遗迹资源

中国华北最古老的地层

地质公园位于沂沭断裂带以西的鲁西隆起区，她真实地记录了中国北方早期地壳形成演化的历史。距今约 28 亿年前的新太古代初期，古陆台开裂，产生了巨型的裂陷带，形成了巨厚的超基性—基性火山岩和火山碎屑岩——泰山岩群。它是华北最古老的地层之一。这里出露的科马提岩是目前我国唯一公认的具有鬣刺结构的太古宙超基性喷出岩。蒙山是研究前寒武纪花岗岩—绿岩带、探索地壳早期形成演化历史的绝佳场所，具有极

高的科学价值。

多期的侵入岩

距今 27.5 亿年至 25 亿年期间，伴随着强烈的构造运动，区内发生了四期大规模的岩浆侵入，形成了条带状英云闪长岩、片麻状花岗闪长岩和二长花岗岩等侵入岩系。这里是我国 TTG 岩系和二长花岗岩出露最好的地区之一，这些大规模发育的花岗质岩石为探索太古宙巨量花岗岩的成因提供了重要的实证材料，对于建立早前寒武纪地质构造格架具有重大的科学价值。

距今 25 亿年至 6 亿年期间，该区经历了

金刚石露天矿遗址（武法东 摄）

多期构造运动，总体处于隆升剥蚀阶段。其中，距今 16.2 亿年左右，牛岚辉绿岩侵位，标志着华北陆块的固结。这里是该期侵入岩的命名地和出露最典型的地区。

中国最大的金刚石露天开采矿

位于蒙山北麓的钻石园区是我国第一个原生金刚石产区，也是中国乃至亚洲储量和规模最大的金刚石矿。自 1970 年投产以来，累计产出了 180 万克拉金刚石，为我国尖端工业的发展做出了极大贡献。其中"蒙山 1 号钻石"重达 119.01 克拉，连同附近产出的"金鸡钻石""常林钻石"，是我国目前发现的最大的三颗钻石，从而使这里成为名副其实的"中国金刚石之都"。

蒙阴金刚石形成于距今约 27 亿年前的地下 200 千米深处。距今 4.5 亿年左右，地下的幔源岩浆携带着金刚石晶体，沿着深断裂呈岩管、岩脉和岩床状向上侵入，后经剥蚀作用出露地表，这便形成了著名的蒙山常马庄金伯利岩型原生金刚石矿。

岱崮地貌

走进岱崮园区，崮群荟萃簇集，如一幅幅山水画悠然而成，似一首首无言诗挥洒自如。南北岱崮如将军伫立，卧龙崮似蛟龙横卧，玉泉崮峭壁如削……它们气势恢宏、惟妙惟肖，共同构成了世所罕见的岱崮地貌奇观。这里是岱崮地貌的命名地，被誉为"天下第一崮乡"。

岱崮地貌的形成与地层岩性、构造运动和风化剥蚀作用有关。距今约5.2亿年的古生代初期，大规模的海侵使该区没入水下，其上沉积了寒武—奥陶纪海相地层，含有丰富的三叶虫化石，叠层石灰岩也独具特色，它们构成了岱崮地貌的物质基础。此后，几度沉浮，从距今6000万年左右开始，受喜马拉雅运动的影响，区内数千米厚的地层被抬升剥蚀，直到寒武系出露，岱崮地貌才开始形成。由于上部厚层石灰岩坚硬，而下部粉砂岩及泥岩较松软，这样使得上部的石灰岩逐渐悬空，在重力作用下沿节理裂隙不断垮塌坠落，崮体逐渐走向衰亡。

自然景观

这里是名扬四海的"中国蜜桃之乡"。蜜桃也与这里特殊的地质条件有关。初春桃花漫山盛开，座座崮体如同璀璨的明珠，熠熠生辉于桃林深处。

新构造运动造就了蒙山通天拔地的气势。连绵起伏的山峰耸入天际，云山雾海，仿若仙境。龟蒙顶酷似神龟俯卧于云端天际；鹰窝峰奇松横偃，壁立千仞，非雄鹰不能临其上；云蒙峰三峰并立，秀出云表，乃"山"字之源。蒙山栈道依万丈绝壁凌空蜿蜒，移步异景。风化侵蚀作用形成的各类象形石妙趣天成、栩栩如生。

山做风骨，水为经脉。这方山水造就了中国瀑布、云蒙湖、九龙潭、龙门三潭等壮美的水体奇观。

沂水蒙山养育了沂蒙山人，他们民风淳朴，诚实善良，以最朴实无华的方式勤劳生活，演绎人生。石磨、石碾、石径、石墙，古朴的民居，典雅的农家院，累累的果实，与欣然前来旅游的客人亲如一家。这就是热情好客的沂蒙山人真实生活的写照。

历史文化

"鲁南古城秀，琅琊圣贤多。"夏商时期，始祖伏羲后裔在蒙山建立颛臾国，拜祭天地，独辟拜山文化。春秋末年，孔子登顶蒙山，孟子留下"登东山而小鲁"的慨叹；唐代诗人李白、杜甫，宋代文豪苏轼，更有康熙、乾隆也御临蒙山，赋诗抒怀。沂蒙山是中华

夕照鹰窝峰（武法东 摄）

文明的发祥地、东夷文化的中心。

沂蒙山融道教、佛教、儒教于一体。万寿宫、玉皇殿、明光寺、雨王庙，宏殿重阁，晨钟暮鼓，生生不息。今天，这里已成为人们的祈福之地、长寿之山。

沂蒙山，承载了太多的历史记忆。淳朴善良、无私奉献的沂蒙人，以博大的胸怀、忘我的精神，在这片土地上谱写了"红嫂乳汁救伤员""沂蒙英雄六姐妹""孟良崮战役奋勇支前"等可歌可泣的动人篇章。沂蒙儿女用鲜血和生命筑就了共和国的基石，他们的英名将永远铭刻在共和国的丰碑上。

传承沂蒙精神，创新经济发展，打造"大、美、新临沂"和"国际商贸名城"已成为临沂的发展目标。基础设施的不断完善、服务质量的迅速提高，加快了沂蒙山走向世界的步伐。"山水林田湖草沙"保护项目的实施，为地质公园生态文明的建设注入了新的活力！

岱嵩群峰（侯贞义 摄）

万寿宫与福寿康宁鼎（武法东 摄）

天下绝境致，最数沂蒙山。这里是地壳早期形成演化的地学博物馆，这里是亚洲最大的金刚石产区，这里是中国岱崮地貌的命名地，这里是沂蒙精神的诞生地。鹰峰夕照，云海松涛；湖溪飞瀑，花映群崮。沂蒙山世界地质公园以她自然天成的容颜、神奇秀美的灵韵和灿烂悠久的文化，正在向着更加灿烂的明天阔步迈进！

（武法东）

沂蒙山世界地质公园

齐良平

置身灵秀崮群间，思绪浮沉几亿年。
侵入岩乘天地坼，剥蚀风借水石寒。
但凭凝聚金刚在，唯有抗争华夏传。
终以不屈酬壮志，悠悠云雾瞰人寰。

39 /

九华山世界地质公园

JIUHUASHAN

UNESCO
GLOBAL
GEOPARK

　　九华山世界地质公园地处安徽省南部池州市，公园面积 139.7 平方千米。九华山交通便利，九华山机场、京福高铁及沿江高铁、沿江高速和京台高速公路，以及九华山旅游专线、池州港和铜陵港等水运设施，构成了九华山世界地质公园的"水—陆—空"立体交通网络。2009 年 8 月获得国家地质公园资格，2012 年 12 月被批准为国家地质公园；2016 年 12 月获得国土资源科普基地称号。2006 年 1 月被列入国家自然与文化双遗产地目录；2007 年 1 月被批准为国家风景名胜区。2019 年被批准为联合国教科文组织世界地质公园。

　　九华山地处中国地貌单元第三阶梯东南部的丘陵地带，北邻长江中下游平原，南为皖南山岳地貌。地质公园的地形属中低山、丘陵、盆地。九华山是中国佛教四大名山之一。唐朝诗人李白诗曰："昔在九江上，遥望九华峰。天河挂绿水，绣出九芙蓉。"九华山因群峰状如九朵莲花而得名。

地质遗迹资源

　　九华山世界地质公园有地质遗迹点 57 处，其中世界级地质遗迹 3 处，国家级地质遗迹 9 处。

花岗岩峰丛（九华山世界地质公园 提供）

板块碰撞岩浆活动的记录

太平洋板块、欧亚板块碰撞岩浆活动的记录 九华山花岗岩岩体是下扬子地区最大的燕山期复式花岗岩体，主体由两期岩浆活动组成，二者分别发生于 1.45 亿年至 1.41 亿年前和 1.30 亿年至 1.21 亿年前。早期形成的岩石主要为 I 型花岗闪长岩和二长花岗岩，主要分布在岩体外围，规模较大。在形成时代上与中国华南同类型岩石较为一致，在成因上与太平洋板块向西的俯冲密切相关。晚期形成的岩石主要有碱性 A 型晶洞花岗岩、基性岩脉和碱性花岗斑岩脉三种，它们之间具有密切的成因关系，代表了太平洋板块俯冲后的伸展环境。碱性花岗岩为九华山地质公园主体岩石类型，岩石中广泛发育晶洞晶腺构造，表明岩浆侵位于近地表。

双峰式岩浆活动的代表 双峰式岩浆活动通常认为与拉张构造密切相关，形成于大陆裂谷环境或弧后伸展环境。其中的镁铁质岩石被认为是地幔部分熔融的产物。九华山双峰式火成岩组合体现在晚期的镁铁质岩脉和长英质 A 型正长花岗岩。镁铁质岩浆岩和正长花岗岩同为 1.25 亿年前的产物。九华山同时代碱性花岗岩和镁铁质岩墙的共生，是双峰式岩浆活动的代表，反映了壳幔岩浆混合作用的过程。

富流体花岗质岩浆结晶分异的教科书

九华山碱性花岗岩中广泛发育晶洞构造，晶洞中结晶有自形石英、长石和紫色、绿色的萤石矿物。九华山碱性花岗岩中的黑云母，比其他岩石类型中的黑云母更富集铁元素，表明九华山碱性 A 型花岗岩中富集流体。此外，九华山碱性花岗岩较共生的花岗闪长岩和二长花岗岩更富硅、钾等元素，表明碱性岩浆具有更高的演化程度。碱性花岗岩中普遍发育的晶洞构造，表明其更加富集流体和挥发分，而且侵位深度也更浅、更接近地表。

大型花岗岩断块地貌的模式

九华山断块山体地貌非常发育。常常见到在海拔小于 300 米的丘陵地貌中突然出现海拔高至 1300 米的断块山，南北绵延伸展近 30 千米，凸显了断块地貌的雄姿。九华山拥有大小山峰 71 座，十王峰为第一高峰，海拔 1344.4 米，莲花峰、狮子峰等高程均超过千米，自北向南依次分布，多以锥状、柱状、脊状、穹状、箱状等形态出现，构成了九华山地貌的精华。壮观的"峰—丘—盆"景观及高耸的花岗岩地貌奠定了九华山地质公园的地貌景观格架。

九华山花岗岩石峰造型奇特多样，观赏

九华山花岗岩地貌（九华山世界地质公园 提供）

性强。在独特的双峰式岩浆岩基础上，九华山断裂发育并形成大型断块地貌，伴生构造节理切割岩体形成小型石峰；流水、冻融风化进一步塑造出了姿态万千的奇妙花岗岩象形石，如花台象形石群、天台象形石群等。天然石峰与植被、云雾等自然要素组合，构成了九华山文化景观的自然基础。

第四纪冰川遗迹

九华山第四纪冰川遗迹是中国东部第四纪冰川讨论的重要物证材料。新生代以来，全球发生过多次寒冷气候事件，造成大规模的冰川活动。我国著名的地质学家李四光先生于20世纪30年代考察九华山等地后认为，九华山有九华街冰斗，九华街—大小桥庵的"U"形谷及末端的终碛堤等冰川遗迹。在1：20万《安庆幅》区域地质调查报告中有记载，在地质公园北西约5千米的杜村桥附近发现有中更新世马冲组冰水堆积形成的泥砾层，砾石大多数为棱角状、熨斗状，与河流、洪积砾石形态迥异，认为是冰碛成因。

在对我国华东地区地貌的研究中，有学者认为黄山、九华山等不存在冰川活动的地质条件。九华山第四纪冰川遗迹的存在和确

大古峰：花岗岩锥形峰（九华山世界地质公园 提供）

认，对该区第四纪冰川及古气候演化的研究具有重要的科学价值。

历史文化

九华山佛教文化

称著于世的九华山文化 自东晋至明清时期，佛教界确立了金地藏应化为地藏菩萨之说，使得九华山成为地藏菩萨道场和汉传佛教地藏菩萨信仰的圣地，是我国佛教重要传播中心之一。九华山佛教文化是在接纳、吸收儒家文化、道家文化、海外文化和世俗文化后而形成的，所以它是在中国南北、东西文化碰撞和融合中形成的具有自身特色的文化，因此它以独特的佛教文化称著于世。

中韩文化交流的历史见证 九华山佛教文化繁盛的第一人为新罗国王子金乔觉（696—794）。金乔觉在九华山75年，直至去世，以其严谨苦修的思考和渊博精深的佛学思想，备受崇敬。因其是外籍僧人，又具

九华山佛教与地貌的结合（据九华旅游）

有王子身份，千百年来，引得天下佛教信徒顶礼膜拜。金乔觉开启了九华山佛教文化的繁盛，奠定了九华山佛教文化的基础，提高了九华山的知名度。

与儒释文化融合形成了文化高峰　在九华山佛教文化发展过程中，唐、宋、明、清时期的儒释文化学者来九华山办学堂、建书院，遗存数千篇珍贵的诗文书画和 20 余处历史文化遗址。九华山佛教文化与丰富的儒释文化融合，形成了中国文化的高峰。

佛教文化以九华山地貌为基础　九华山台地地貌成为九华山佛教建筑群的选址地。现有国家重点保护寺院 9 座，省级重点保护寺院 30 座，这些寺院均建在台地之上。花岗岩岩壁则成为摩崖石刻的天然"壁纸"。九华山有摩崖石刻 100 余处。花岗岩象形石的命名也与九华山佛教人物密切相关，如大鹏听经石、观音望佛国、石佛观海、九华睡佛等。

狮子峰丛（九华山世界地质公园 提供）

徽派文化

九华山徽派文化是中国徽派文化的重要组成部分，主要体现在徽派建筑与徽派饮食文化两个方面。

徽派建筑是中国古建筑中最重要的流派之一。九华山所在区域是皖南古民居的集中区，马头墙、小青瓦、白粉壁是中国徽派建筑的最大特征，尤以民居、祠堂和牌坊最为

典型，被誉为"徽州古建筑之三绝"，为中外建筑界所叹服。以化城寺为中心建设的具有徽派建筑形式的民居群落，现为九华山世界地质公园游人集散地。

徽派菜系是中国徽菜的代表。九华山地理位置优越，良好的自然环境为农作物生长提供了优质的水源和土壤，食材独特、特产丰富，如鳜鱼、石耳、竹笋、黄精、茶等，

其中九华黄精、西山焦枣、石台富硒茶被列为国家地理标识产品。历史上，由于长期受到吴越、荆楚、徽等诸多地域文化的影响，饮食习俗也呈现出多元性融合的特点，形成了特色鲜明的徽派饮食特色。九华山为中国徽菜的代表地，主要名菜有毛豆腐、臭鳜鱼、石耳炖鸡、山笋炖肉等。九华山佛教饮食以素食为胜，主要名菜有红烧石鸡、山珍素鸡、罗汉斋菜等。

生态环境

九华山植被有亚热带常绿阔叶林、落叶阔叶林和针叶林，具有垂直分带的特点。共有高等植物1463种，分属176科633属。有国家二级保护树种9种；国家三级保护树种7种；省级保护树种2种。

九华山动物有253种。其中，两栖类13种，爬行类24种，鸟类168种，兽类48种。国家一级保护动物有梅花鹿、黑麂、白颈长尾雉、云豹；国家二级保护动物有短尾猴、东方蝾螈、鹰嘴龟、猕猴、穿山甲、小灵猫、苏门羚等；国家三级保护动物有獐、青羊等6种。

九华山世界地质公园是自然与文化的融合体。因此，认识九华山，保护九华山，发展九华山就理所当然地成为九华山世界地质公园的重要任务。

（武法东）

九华山世界地质公园

张　贺

莲花地藏皆寥廓，石出岗岩随水落。

道场千寻隐涧松，长空万里杳云鹤。

端居怀璧揽青阳，入定安禅心自若。

贝叶犹存笑忘书，灵霄远黛含璎珞。

40 /

湘西世界地质公园

XIANGXI

UNESCO
GLOBAL
GEOPARK

湘西世界地质公园位于中国湖南省湘西土家族苗族自治州，公园面积2710平方千米。2017年，湘西州启动世界地质公园申报工作，并于2020年7月申报成功，湘西地质公园正式成为我国第40个世界地质公园，在短短不到三年的时间里，创造了世界地质公园建设的"湘西速度"。

湘西州地处武陵山区中心腹地，东近雪峰山、西接云贵高原，曾一度受到地理环境的制约。近年来，作为国家西部大开发和"精准扶贫"战略思想的首倡地，湘西州建起了全面的交通网络，截至2022年年底，全州通车里程达13729千米，张吉怀高铁、湘西机场的陆续开通极大缩短了外界与湘西的距离，使得湘西世界地质公园内的美景得以触手可及。

属地湘西州

湘西州位于中国湖南省西北部，总体地势呈西北高、东南低，以山原、山地为主要地貌，其中后者约占全州总面积的70%，共同塑造出了以雄、奇、险、秀、幽为特色的自然景观；该州地处全国罕见的特殊地理带——气候微生物发酵带、土壤富硒带和植物群落亚麻酸带，加之亚热带季风气候所带

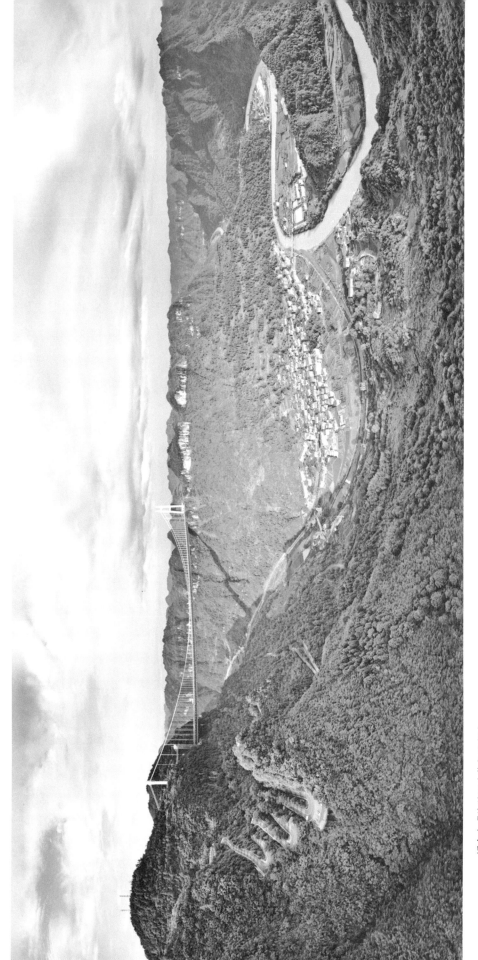

矮寨奇观旅游区（黄永明 摄）

来的丰沛降水，为多种动植物的生长提供了良好的条件，使得湘西州素有"生物基因库"和"野生动植物资源天然宝库"的美誉。

湘西州，战国时属楚黔中郡，从夏、商、周三个朝代延续至春秋战国时期，始终是连接楚国、巴国和黔地的重要交通要道，源于其地理位置的特殊性，湘西成为多民族和文化的汇聚之地。到了彭土司政权建立的五代时期，该州成为湘、鄂、渝、黔交界地区各民族的活动中心，土家族和苗族作为该地最早的原住民，用勤劳和智慧创造了灿烂的文化和独特的民俗，铸就了浓郁的民族风情。

资源特色

湘西世界地质公园，恰处于云贵高原东部边缘斜坡区，属于中国地形的第二梯级东部边缘。公园以其岩溶地貌景观为核心主题，特别是以寒武系"金钉子"剖面、红石林及高原切割型峡谷群为显著特色，既包含了多种典型的地质现象，还融合了独特的少数民族风情。湘西不仅是自然与文化的交汇之地，更是人们探寻艺术与自然之美的理想之所。

寒武纪的时间见证——"金钉子"

"金钉子"，地质学界称为"全球标准层型剖面和点位"（简称 GSSP），是地质学中用于划分地质年代与地层的国际认可标准。该术语源于 1869 年 5 月 10 日美国铁路史上的一个标志性事件，当时美国首条横贯大陆的铁路以一颗 18 克重的金钉子的敲入标志竣工，象征着该铁路全长 1776 英里的顺利完工，这一事件在美国历史上具有重大意义。

湘西世界地质公园内的花垣县排碧乡和古丈县罗依溪镇所在地区，其寒武系位于古扬子海台边缘斜坡沉积区，是一片由浅海向深海过渡的古生物混生带。排碧—古丈剖面以其岩相的一致性、地层的完整性、露头的连续性、界线的清晰性和化石的丰富性而闻名，尤其剖面中的"诸球接子"化石带，其所含有的标准化石和重要分子，对于国际寒武系对比具有重要意义。2003 年 2 月，经由国际地质科学联合会批准，此区域内的"芙蓉统""排碧阶"被首批正式确立为年代地层标准单位。2010 年 10 月 18 日，"古丈阶"剖面被定为全球标准层型。作为世界上唯一一个包含两个寒武纪"金钉子"的世界地质公园，这两个"金钉子"成功解决了全

古丈阶"金钉子"碑（严洪涛 摄）

排碧阶"金钉子"碑（龙爱清 摄）

球范围内寒武系地层精确划分的问题，具有深远的国际地层对比意义。

奥陶纪的红色奇迹——红石林

红石林是岩溶地貌中一种罕见的类型，主要由红色或紫红色碳酸盐岩构成，其独特的石柱群形态是在构造运动的影响下，通过长期的溶蚀和侵蚀作用形成的，由于密集分布，形成了一片似森林般的壮观景观，故名为"红石林"。

湘西地质公园的红石林，主要位于海拔300米至500米的酉水及其支流两岸的谷坡地带，出露总面积84平方千米，是目前全球在奥陶系红色碳酸盐地层上发育的规模最大的一片红色石林景观。其形成可追溯至奥陶纪海洋时期，由大陆岛的河水携带高含铁量的泥沙进入浅海区域，与海水中的锰离子和生物残骸混合在缺氧环境下，经过数千万年的沉积作用，形成独特的红色岩石。随着时间的推移，地表侵蚀作用使这些原本位于地下的石林暴露出来，在地下水和大气降水的长期溶蚀风化作用下，埋藏在土壤下的岩石由差异溶蚀转为地表差异风化，形成了1000多根高度在10米至30米、形态多样、层次分明的红色石柱。这些石柱在核心区域内展

红石林（刘海 摄）

现出如塔状、火焰状、墙状、剑状、柱状、锥状等十余种形态的自然美，使得红石林成为一幅活生生的自然艺术品。

地貌盛宴——岩溶台地峡谷

岩溶台地是一种特殊的岩溶地貌，其山体主要由易溶的石灰岩构成，在地下水与地表水相互作用下，溶解和侵蚀石灰岩而形成，呈现顶部平整且四周多环绕陡峻悬崖的特征，整体形态类似平顶山或桌山。

在湘西地区，由于独特的地质构造和显著的地形高差影响，岩溶台地展现出丰富多样性。在台地周围，多有峡谷相伴相生，且台地越是高度切割破碎，峡谷越是深幽险峻，峡谷两侧普遍发育着壮观的岩柱，这些岩柱沿垂直裂隙形成，尤其在峡谷边缘集中，形成高低错落、形态各异的独特景观。清晨的峡谷烟雨迷蒙，云雾缥缈，岩柱群悬浮于半空。这里不仅记录了自新生代以来地壳的快速隆升的地质历史，也呈现了云贵高原边缘地区斜坡处的腐蚀、切割、分离和解体等地质演化过程。

芙蓉镇瀑布（滕俊玲 摄）

十八洞村（张德平 摄）

土家厄巴舞（彭官海 摄）

地质与文化的交织

　　湘西州第七次全国人口普查数据显示，该地区总人口约248万，其中土家族、苗族占比高达76.7%。这两个民族长期以来形成了自己独特的饮食习惯、建筑风格和民俗文化，生动诠释了"一方水土养一方人"。湘西潮湿的气候孕育了当地人偏好的酸辣口味，而山水环抱的地理特点则催生了"依山而寨，傍水而居"的传统建筑——吊脚楼。湘西世界地质公园是地质景观与民族文化相融合的典范，作为武陵山土家族和苗族文化生态保护实验区，花垣苗族赶秋节于2014年被列为国家级非物质文化遗产，湘西土家族的毛古斯作为中国舞蹈和戏曲的最远源头之一，备受关注；织锦和银饰锻制作为传统手工技艺，均是吸引游客的亮点。

　　湘西世界地质公园自申报成功以来，不仅丰富了当地的旅游资源，还通过高效的对外宣传成功吸引了众多游客，促进了当地的经济发展，从而惠及民生。这一系列积极变化激发了当地社区对自然遗产和文化遗产保护工作的热情，从而为保护和传承这些宝贵资源打下了坚实的基础。2023年9月，湘西世界地质公园因其卓越表现荣获联合国教科文组织颁发的"世界地质公园最佳实践奖"，相信湘西地质公园将持续发挥其综合效益，为地区的可持续发展作出更大的贡献。

（刘晓鸿）

湘西世界地质公园

李流芳

地灵万古寂无闻，演化及今尚且真。
峭壁飞泉常作色，溶穴滴乳自成文。
村居隐僻遗风远，盛世科研蓄意深。
棋布纵横开馆后，石中故事待铺陈。

41 /

张掖世界地质公园

ZHANGYE

UNESCO
GLOBAL
GEOPARK

张掖世界地质公园位于甘肃省张掖市西南部，跨肃南裕固族自治县、甘州区和临泽县，公园所占地表总面积1289.71平方千米。张掖世界地质公园始建于2005年，2012年取得国家地质公园建设资格，2018年成为世界地质公园候选地，并于2020年加入世界地质公园大家庭。

从汉代起，张掖成为汉家王朝西北重镇，古"丝绸之路"上进入河西走廊的重要驿镇。现今的张掖依然是河西走廊上的重要站点，兰新铁路、兰新高铁、国道G30、G227、G312等从张掖穿行，张掖甘州机场可直飞多个国内重要城市，形成地质公园良好的外部交通环境，各遗迹集中区有旅游观光道路和县乡道路连接，交通便利。

属地张掖

张掖古为河西四郡之一张掖郡，取"断匈奴之臂，张中国之掖（腋）"之意而名。张掖市历史悠久，文化灿烂，是全国历史文化名城之一。张掖南枕祁连山，北依合黎山、龙首山，位于河西走廊中段，在中国第二大内陆河黑河的滋润下，孕育了广袤的绿洲，孕育了河西走廊文化。

张掖境内地势平坦、土地肥沃、林茂粮丰、

黑河河谷（祝鹏先 摄）

瓜果飘香。雪山、草原、碧水、沙漠相映成趣，既具有南国风韵，又具有塞上风情，有诗赞曰："不望祁连山顶雪，错将张掖认江南。"享有"塞上江南"和"金张掖"之美誉。

资源特色

张掖世界地质公园地处青藏高原向内蒙古高原过渡的第一阶梯分界处、祁连山主脉北坡的中段，处于祁连山向河西走廊的过渡带。

祁连山九个泉蛇绿岩套是近5亿年前洋壳的重要物质构成，真实地记录了古祁连洋演化为祁连山的历程；彩色丘陵犹如飘洒在河西走廊之上的多彩丝绸，为世界地学奇观；是窗棂状—宫殿式丹霞的命名地；中国第二大内陆河——黑河横贯公园，滋养着公园多样的动植物群和以裕固族为代表的多民族居民；祁连山山前丰富的新构造遗迹记录了3600万年以来青藏高原的隆升历程。珍贵而优美的地质遗迹、脆弱且多样的生态景观、悠久并独特的民族风情，彼此渗透交融，造就了张掖世界地质公园丰富多彩的资源禀赋，谱写着新时代新丝绸之路上张掖精彩的华章。

古洋残迹——九个泉蛇绿岩套

九个泉位于地质公园的西部，距肃南裕固族自治县县城约30公里，地处祁连山北麓。九个泉地区是中国最早开始板块构造研究的地方。这里广布的蛇绿岩套遗迹证实了早古生代古祁连洋的存在，九个泉板块缝合线是早奥陶世（距今4.90亿年至4.13亿年）华北板块和柴达木板块拼合的证据。它们完好地记录了早古生代的海陆变迁，具有全球对比研究的重大意义。1996年第30届国际地质大会将这里作为板块构造遗迹野外考察线路之一（T389），2018年"中澳大地构造与地球资源联合中心"（ACTER）联合活动也将这里作为重要野外考察路线和考察点。

蛇绿岩套 由于两个板块碰撞的时候温度很高而导致了碰撞接触带的洋壳物质发生变质而形成。蛇绿岩的代表性层序自下而上是：橄榄岩、辉长岩、席状基性岩墙和基性熔岩以及海相沉积物。根据地质科学家的考察研究，蛇绿岩套同海洋底部的岩石非常相似，所以地质学家们把它看作古洋壳的遗骸。

大地作画——彩色丘陵

丘陵是指由各种岩类组成的坡面组合体，

中国地质大学（北京）与张掖世界地质公园人员在九个泉进行野外联合科学考察（张掖世界地质公园 提供）

起伏不大，坡度较缓，地面崎岖不平，由连绵不断的低矮山丘组成。丘陵坡度一般较低缓、切割破碎、无一定方向，一般没有明显的脉络，顶部浑圆，是山地久经侵蚀的产物。彩色丘陵在这里特指张掖地质公园里，由红色夹杂着灰白色、黄绿色、灰黑色等泥岩、粉砂岩形成的低矮山丘。

彩色丘陵是张掖地质公园最有特色的地质遗迹之一，核心面积约 30 平方千米。1.37 亿年至 0.96 亿年前的早白垩世湖泊中沉积的层状泥岩、砂质泥岩，经历了长时期的剥蚀暴露后，呈现红橙黄灰等交替变化的条带，随地势起伏变换，犹如美丽的彩虹落入大地。随着时间和天气变化，彩色丘陵的颜色深浅也不断变化，颇有"赤橙黄绿青蓝紫，谁持彩练当空舞"的气势，被誉为世界地质奇观。2011 年彩色丘陵被选入美国《国家地理》世界十大地理奇观。

辉长岩
Gabbro

断层角砾岩
Fault Breccia

橄榄岩
Peridotite

枕状熔岩
Pillow lava

九个泉蛇绿岩套剖面（王兴龙 摄）

天然城堡——冰沟丹霞

　　冰沟丹霞是地质公园的另一特色，核心区位于肃南裕固族自治县康乐乡，集中面积约 30 平方千米。区内保存有早白垩世（距今约 1.45 亿年至 1 亿年）形成的红色砂砾岩层，经长期剥蚀、切割后发育成千姿百态的北方丹霞地貌，从幼年期的"巷谷""一线天"，壮年期的岩墙、峰丛、峰林，到老年期的残峰、残柱等，以"顶圆、檐突、身陡、麓缓"的特征，记录了丹霞地貌不同的演化阶段。尤其是因软硬岩层的差异风化，在城堡状丹霞陡壁上形成犹如雕花窗棂微景观，这种地貌被命名为"窗棂状—宫殿式丹霞"，丰富了中国丹霞地貌的类型和科学内涵。

生态祁连——裕固风情走廊

　　张掖世界地质公园中部的裕固风情走廊是地球演化与民族风情融汇的绝佳场所。该走廊位于祁连山向河西走廊的过渡带，以裕固族聚居地康乐镇旅游特色小集镇商业水街为起点，沿榆康公路经万佛峡、马场滩、牛心墩、柏杨河、孔岗木、海牙沟至县城，全

彩色丘陵（祝鹏先 摄）

冰沟丹霞（祝鹏先 摄）

裕固风情走廊里的九排松夷平面（脱兴福 摄）

彩色丘陵热气球节（张凌龙 摄）

长约 80 千米。

这条带上地层中的化石记录了远古（早志留世，距今 4.43 亿年至 4.33 亿年）海洋生物的繁盛，九排松平台作为地质学上的夷平面，记录了青藏高原的隆升历程。

祁连山脉山势起伏磅礴，也是黑河多条支流的起源地，这里高寒植被发育，野生动植物资源丰富。据不完全统计，公园范围内有野生植物 56 科，133 属，约 240 种。其中乔木树种 5 个，分别是青海云杉、祁连圆柏、肃南桦、小叶杨、花楸；灌木树种 44 个，主要有珍珠猪毛菜、红砂、木霸王、盐爪爪等。

这些植物因地势的变化和位置的差异而呈带状分布：自南东向北西，植被是逐渐荒漠化的，大体为森林、灌丛、草原及荒漠四个植被带。陆生野生脊椎动物 4 纲 13 目 29 科 62 种，其中兽类 23 种、鸟类 37 种、爬行类 1 种、两栖类 1 种。尤其是随着生态环境的好转，国家一级保护野生动物雪豹时不时在祁连山麓出现。

高原森林林木参天傲立，高山草甸花草茂盛芳馨，空气清新凉爽，百鸟鸣啼林涧，奇兽巡游山间，构成一幅幅优美动人的自然画卷。

裕固族是古老的能歌善舞的游牧民族之一，被人们形象地称为一个"会说话就会唱歌，会走路就会跳舞"的民族。2006年裕固族民歌被列入第一批国家级非物质文化遗产名录，裕固族口头文学与语言被列入第一批甘肃省非物质文化遗产名录。

张掖世界地质公园不仅让曾经的劣地彩色丘陵成为举世瞩目的生态旅游产品，而且极大地带动了当地的美丽乡村建设。张掖世界地质公园集张掖自然景观之精华，聚张掖各民族文化之精髓，融张掖古今丝路之精神，以联合国教科文组织世界地质公园为引领，助张掖成为新时代丝路之明珠。

（刘晓鸿）

张掖世界地质公园

周子健

锁钥河西一望中，重连丝路古今通。

知其迎客铺华锦，到此疑天落彩虹。

别具奇姿晴或雨，纵开法眼色非空。

由来枉负丹青笔，最是难摹造化功。

42 /

龙岩世界地质公园

LONGYAN

UNESCO
GLOBAL
GEOPARK

一处山水交融的丹霞仙境，

一曲生态文明的华美乐章，

一座铜金辉映的神奇宝库，

一方永垂史册的革命圣地。

龙岩世界地质公园位于福建省西部的龙岩市境内，地处闽江、九龙江和汀江三江发源地，主要由冠豸山、梅花山、黄连盂、紫金山组成，面积 2175 平方千米。行政区域涉及新罗区、上杭县和连城县，共计 26 个乡镇 222 个行政村，约 31.2 万人口。2009 年，福建连城冠豸山获得国家地质公园资格，2011 年，冠豸山国家地质公园揭碑开园。

2009 年，福建上杭紫金山获得国家矿山公园资格，2011 年，福建上杭紫金山国家矿山公园揭碑开园。2017 年 12 月，龙岩地质公园通过国内推荐评审，获得世界地质公园候选地资格；2024 年 4 月加入世界地质公园大家庭。

"三山一盂"话龙岩

冠豸山

冠豸丹霞，群峰峥嵘，雄奇壮观；山与水交织，云与雾相融，构成了龙岩世界地质公园最优美的画卷。集山、水、岩、洞、泉、

丹霞仙境——天墙（龙岩世界地质公园 提供）

雨后紫金山霓虹（福建地质公园管理局 提供）

寺、园等景观于一体，展奇、险、绝、秀、丽于天下，与武夷同属丹霞地貌，被誉为"北夷南豸，丹霞双绝"。

　　冠豸山位于福建省连城县境内。它平地拔起，不连岗以自高，不托势而自远，峰峦起伏，山清水秀。冠豸山属丹霞地貌，由距今约八千万年前沉积形成的紫红色砂砾岩构成，现今形成了极具特色的单斜式丹霞峰丛、石墙群、石堡、石柱等正地貌，以及丹霞线谷、巷谷、峡谷等负地貌。地貌景观类型十分齐全，属于以石墙—峡谷地貌组合为特征的壮年早期单斜式丹霞地貌。"天墙"是丹霞石墙中独一无二的珍品；"十里画屏"是丹霞峰丛的绝美体现，绵延十里，在丹霞地貌中极为罕见。冠豸丹霞，是大自然鬼斧神工的杰作，是中国丹霞地貌最典型的地区之一。冠豸山可谓"十里丹崖十里画，千姿百态万行诗！"

紫金山

紫金山位于龙岩上杭县城北，西濒汀江，

紫金山金铜矿露天开采场（龙岩世界地质公园 提供）

"北回归线荒漠带上的绿色翡翠"——梅花山（龙岩世界地质公园 提供）

南临旧县河，山环水绕，风景秀丽。紫金山铜金矿是中国在中生代陆相火山岩中首次发现的高硫型浅成热液金属矿床，这是中国铜金矿勘探史上的一次重大突破，为中国东部地区寻找隐伏铜矿开创了先河，为国内外寻找铜金矿提供了借鉴模式。该矿床在 650 米标高以上的氧化带岩层中形成金矿体，在该标高以下的原生带岩层中形成铜矿体。这种上金下铜的成矿模式，被形象地比喻为"铜娃娃戴了个金帽子"。紫金山金铜矿资源储量巨大，铜金矿的开发带来了显著的经济效益，并创造了多项第一。2008 年，紫金山金铜矿获评"中国第一大金矿"。

紫金山金铜矿的建设和生产，开启了生态发展、绿色发展之路：既要金山铜山，更要绿水青山！

梅花山

梅花山地处武夷山脉南段东南坡，俗称"梅花十八峒""八闽母亲山"。梅花山复式花岗岩体位于华南东西向南岭花岗岩带和北东向沿海花岗岩带的交接部位，出露面积超过 1000 平方千米，由早古生代、三叠纪、晚侏罗世、白垩纪等多时代花岗岩组成，形成时代跨越约 3 亿年。岩石类型从片麻状花岗岩、含钾长石巨晶二长花岗岩、正长花岗岩、花岗闪长岩到含晶洞碱性长石花岗岩。梅花山复式花岗岩体记录了从早古生代陆内造山、印支碰撞造山到古太平洋板块俯冲等多阶段的构造演化和转换过程，是华南多时代花岗岩的缩影和典型代表，对于研究华南大陆的构造演化，以及大型花岗岩体的侵位空间和方式等科学问题具有重要的意义。

梅花山森林覆盖率达 95.4%，被誉为"生物物种基因库""北回归线荒漠带上的绿色翡翠"。1992 年，以"现存华南虎数量最多、活动最频繁的区域"，被世界自然基金会确定为"对全球有影响的具有国际意义的世界A级自然保护区"。1993 年加入中国人与生物圈保护区网络。现分别有国家一、二级保护动物 8 种和 59 种；国家一、二级保护植物 4 种和 20 种。这里不仅是华南虎的故乡，还是金斑喙凤蝶的栖息地，更是金钱豹、云豹、中华小鲵等动物共同的家园。

梅花山主峰海拔 1811 米，是闽西第一高峰。这里万物繁茂，水波清丽，林海花涌，空气清新，冬暖夏凉，是龙岩独特的天然空调和生物宝库。

黄连盂

黄连盂位于龙岩市新罗区，主峰岩顶山海拔 1807 米，为闽西第二高峰。黄连盂主体

霞光普照睡美人——黄连盂（龙岩世界地质公园 提供）

由距今约3.8亿年前形成的石英砂砾岩构成，在后期构造运动、流水侵蚀及重力崩塌作用下，形成了巍峨的山峰和陡峻的崖壁。连绵起伏的峰丛自东向西俯卧，形如沉睡的美人。延伸数千米的绝壁，壁立千仞，蔚为壮观。

这里原始森林遮天蔽日，林间空气富含负氧离子，是享受"森林浴"的理想地方。一望无际的中山草甸区腐林苔藓，触目皆是，无边幽景，如处蛮荒。人在山上行，云在脚下涌，仿若"天上草原"，景色壮美，难以措言。

千峰万壑，雾山林海，步移景迁。风化、侵蚀作用形成的各类象形石妙趣天成、栩栩如生，点缀在青山绿水之间，更增添了山的雄伟、水的灵动。

客家民居——培田古村落（龙岩世界地质公园 提供）

历史文化

龙岩，丹山碧水，人杰地灵。龙岩是闽、粤、赣三省交汇之处，以客家文化为主，红色文化、河洛文化、畲族文化在这里融汇，文脉绵延，底蕴厚重。

远在3000多年前就有先民在龙岩繁衍生息，此后客家移民不断迁入、融合，形成了富有地域特色的闽西客家文化。在中华民族发展史上，客家先民及其后裔对长江流域和闽、粤、赣三角地带的开发，对华南地区经济和文化的繁荣，对中华民族大家庭的发展、壮大和汉文化及中原文明的传播、发扬，都产生过不可估量的影响。

书院文化是龙岩的一大特色，蕴含丰富的内涵。它以客家建筑为主体，以"传道、授业、解惑"为核心，着眼培养客家子孙传承历史、开创基业、延续发展。书院既是学校，也是客家人的议事场所，还是文人雅士相聚相融之处。

九厅十八井是客家民居的典型代表之一。客家人结合北方庭院建筑的特点，同时为了适应南方多雨潮湿气候及自然地理特征，采用中轴线对称布局、厅与庭院相结合设计和建造的大型民居建筑，秉承"先后有序、主次有别"的传统观念。

龙岩是著名的革命老区，是中央苏区的核心区域。庄严肃穆的革命旧址、星罗棋布的红色遗址，昭示着闽西儿女为共和国的建立做出的巨大贡献。这里是全国赢得"红旗不倒"赞誉的两个地方之一，留下了毛泽东、周恩来、刘少奇、朱德、陈毅等老一辈无产阶级革命家的光辉足迹。闪耀光芒的《古田会议决议》《星星之火，可以燎原》《才溪乡调查》《调查工作》等著作，都是毛泽东在这里完成的，是毛泽东思想形成时期的代表作。

1929年12月，毛泽东、朱德、陈毅主持的中国共产党红四军第九次代表大会在上杭县古田镇召开。会上通过了具有历史意义的古田会议决议，确立了"思想建党、政治建军"的思想和"党指挥枪"的原则。古田会议是我党我军建设史上的里程碑。

龙岩还是红军二万五千里长征的出发地之一。当年十万闽西儿女踊跃参军参战，为革命战争的胜利和新中国的建立做出了巨大牺牲和重大贡献！龙岩是"红军之乡""将军摇篮"。

夕照冠豸山，灿若丹霞红；林竹湖山画，堪比西湖美！龙岩世界地质公园将带您探索地球的奥秘，领略大自然的神奇，感叹时空的魅力！

（武法东）

龙岩世界地质公园

包　含

十里长旌百丈屏，是谁执笔落诗情。

何堪借醉东君酒，划破云霄几道青。

43 /

兴义世界地质公园

XINGYI

UNESCO
GLOBAL
GEOPARK

兴义世界地质公园位于贵州省中南部的黔西南布依族苗族自治州兴义市，公园总面积1456.1平方千米。地质公园以中三叠世（约2.39亿年前）的胡氏贵州龙为主的海生爬行动物群为特色，辅以丰富的鱼类、双壳类、菊石、甲壳类节肢动物及少量陆生植物的多门类化石、三叠系锥状喀斯特景观，加之文化历史悠久、多民族风情淳朴浓郁，是一个集珍贵化石和其他地质遗迹资源、自然景观、人文景观、民族风情于一体的高品位、深内涵的地质公园，2024年成为世界地质公园。

地质遗迹价值

三叠纪中晚期，地质公园地处海洋环境，潮涨潮落，沧海桑田，发育了完整的海洋碳酸盐岩沉积，是全球规模最大、类型最全的三叠纪浅海碳酸岩台地与深海盆地沉积相变带的重要组成部分。沉积相变带上呈现了稀世罕见的犬牙交错的上超、下超景观和相变带剖面遗迹。地质公园内20000多座石峰，绵延1000多平方千米，构筑了公园内分布面积最大、保存最完整、发育最典型的三叠系锥状喀斯特景观系列，是三叠系锥状峰林峰丛同时异态演化的典型范例。马岭河峡谷、

兴义地质公园博物馆（兴义世界地质公园 提供）

万峰林、坡岗岩溶生态区、泥凼石林等是我国锥形喀斯特发育最典型、连片分布最广的岩溶地貌类型最多的地区。尤为重要的是，地质公园内产出的中三叠世以胡氏贵州龙为主的海生爬行动物群——"贵州龙动物群"或称"兴义动物群"，包括幻龙、欧龙、碥齿龙等海生爬行动物，并伴生大量鱼类及菊石、双壳类、腕足类、虾、海百合、牙形石等多门类动物化石，种类繁多、化石丰富、保存完好、分布广泛，是世界上最著名的动物群之一，闻名海内外。贵州龙是我国最早发现、研究并定名的三叠纪海生爬行动物，也是原始鳍龙类在亚洲的首次发现。

典型的喀斯特地貌主要分布在马岭河峡谷和万峰林地区。马岭河发源于乌蒙山脉，属珠江流域西江水系上游南盘江北岸支流，地质公园内河段长 56.8 千米，落差 400 米，坡降 50/1000，集雨区面积 1199.3 平方千米。发育于三叠系杨柳井组和关岭组白云岩中以及岩脚背斜和付家湾向斜核部。其补给河流主要有木贾河、纳省大沟、泥堡小河、顶效小河、楼纳小河、锅底河等支流。马岭河是典型的嶂谷急流，河流水量充沛，多年平均流量 51.96 立方米/秒，河床坡降较陡，水流湍急，加之上游煤系地层的外源水补给充沛，河水侵蚀能力特强。马岭河峡谷两侧地层因岩性差异形成众多瀑布，构成了马岭河峡谷区密度极高的峡谷瀑布群景观。具有长年性瀑布 70 余条，丰水期有大小瀑布 100 余条，瀑高 50 米至 200 米不等，最终汇入南盘江区域。

万峰林位于地质公园东南部，南端与广西交界，西到滇、桂、黔三省（区）交界处的三江口，北接乌蒙山主峰。万峰林，长

泥凼石林（兴义世界地质公园 提供）

马岭河峡谷（兴义世界地质公园 提供）

200 多千米，宽 30 千米至 50 千米，是中国西南三大喀斯特地貌之一。气势磅礴，景观奇特。峰、陇、坑、缝、林、湖、泉、洞八景分布广泛，万峰林属于中国西南喀斯特地貌，堪称中国锥状喀斯特博物馆，被称誉为"天下奇观"。万峰林包括东、西峰林，景观各异，是国内最大、最典型的喀斯特峰林。

存最为完整的地区之一。有动物属种 100 余种，常见的有 40 余种，其中蟒蛇、金雕、猕猴、白腹锦鸡、猫头鹰、果子狸、飞虎等属国家保护动物。植物种类也很多，有 600 种至 800 种，刺樟木、红椿、香木、任木、川桂、喜树、金丝榔等是国家保护植物。区内盛产石斛（八种）、金银花、肾蕨、板蓝根、果上叶等近 30 种中草药材。

自然生态价值

兴义世界地质公园坡岗自然生态保护区是我国同纬度地区地形地貌、动植物物种保

人文历史价值

兴义世界地质公园是多民族聚居地，具有悠久的历史和丰富的文化遗存。新石器时

玉皇顶（兴义世界地质公园 提供）

代文明、夜郎文化、明清文化璀璨生辉，文物古迹囊括了古人类遗址、古建筑、古桥、摩崖石刻、洞穴石刻等。其中国家级文物古迹 1 处：刘氏庄园；省级文物古迹 5 处：猫猫洞遗址、张口洞遗址、查氏宗祠碑、何应钦故居和顶效贵州龙化石出土点；州级文物古迹 5 处；市级文物古迹 48 处；未定级文物古迹 101 处。这些文物古迹提升了地质公园的文化价值和人文色彩。地质与文化相得益彰，是生活在地质公园内的人类利用三叠系的石头建设自己家园的一部历史画卷，绵延了 1.2 万年。

兴义世界地质公园民族风情淳朴浓郁，有保存完好的南龙布依古寨（八卦寨）、何应钦故居、王电轮将军故里石刻、刘氏庄园

（贵州民族婚俗博物馆）、鲁屯石牌坊群、万屯汉朝墓群以及被命名为兴义人的"猫猫洞""张口洞"古人类文化遗址等人文景观，使之构成一个集自然景观、化石、人文景观、民族风情于一体的高品位、深内涵的地质公园，具有极大的旅游观赏、休闲度假、地学科普价值。

融合之美

漫长的地质发展历史、独特的地质遗迹资源，形成了独具特色的自然、生态和文化之美，养育了勤劳智慧的兴义各族儿女。在气势恢宏的三叠系碳酸盐岩锥状喀斯特峰林之间，民族和地域特色显著的乡村如珍珠散

万峰林与乡村景观（兴义世界地质公园 提供）

落，创造了独一无二的文化历史和生活方式。自古以来，人们利用三叠系碳酸盐岩薄层状的特性，修建房屋居所。而在锥状喀斯特峰林之间，利用独特的地貌和土壤，因地制宜地开展农耕生产，早春时节，一望无际的油菜花海围绕着座座锥状喀斯特峰林和民族风情浓郁的村寨，生动呈现了地质、自然、生态和人们生活之间密切的关联和人与自然和谐共处的景象，体现了世界地质公园的核心内涵。

（张建平）

鹧鸪天·兴义世界地质公园

曾入龙

画笔勾描亿万年，醉人心处最天然。沧桑化作喀斯特，记忆凝成沉积岩。峰旋绕，水缠绵，西南奇胜乐忘还。是谁曾住猫猫洞，与我同看月一环。

44 /

临夏世界地质公园

LINXIA

UNESCO
GLOBAL
GEOPARK

临夏世界地质公园位于甘肃省临夏回族自治州境内，涉及永靖县、和政县、东乡县、临夏市等区域，总面积 2120 平方千米。地质公园北部永靖县距省会兰州市 74 千米，南部和政县距兰州 116 千米，以省道公路为骨架，构成了四通八达的交通网络，交通十分便捷。

临夏地质公园跨越中国西部的黄土高原和青藏高原两大自然区，大地构造位置处于祁连山与秦岭造山带间的临夏盆地，南跨秦岭褶皱带，北依祁连褶皱带。地质公园位于内陆中纬地带，属温带大陆性气候，具有夏凉冬冷、夏短冬长的大陆季风气候和高原气候特色。特殊的地质背景和地理位置，在临

夏地质公园留下了珍贵的自然和文化遗产。

远古之音——古动物化石

在临夏盆地中发现了近100个化石地点，产出超过 3 万件化石标本，这些化石被统称为和政古动物化石群，分属 3 纲、8 目、150多个属种，占据十项世界之最。这十项"世界之最"分别是：世界上最大陆生哺乳动物巨犀的聚集地，世界上最丰富的铲齿象化石，世界上最大的三趾马动物群，世界上最早的稀树草原群落，世界上最大的鬣狗——巨鬣狗，世界上独一无二的和政羊，世界上熊类

世界上最丰富的铲齿象化石（临夏世界地质公园 提供）

的最近祖先——戴氏祖熊，世界上最早的拟声鸟类——和政盘绕雉，世界上保存最久远的蛋白质，世界上最大的马——埃氏马。

根据生物演化的不同阶段，这些化石可划分为四个不同的动物群：晚渐新世的巨犀动物群（3000万年至2300万年前）、中中新世的铲齿象动物群（1500万年至1200万年前）、晚中新世的三趾马动物群（1200万年至500万年前）以及早更新世的真马动物群（距今约200万年前）。其中以三趾马动物群的材料最为丰富，被学界誉为"东方瑰宝，高原史书"。哺乳动物对环境的变化极为敏感，晚新生代是青藏高原快速隆升的关键时期，因此，和政古动物化石群

为我们提供了在构造和环境变化背景下生物演替的宝贵证据，是理解地球历史和生物多样性的重要窗口。

足印化石——刘家峡恐龙足迹化石群

在地质公园东北部永靖县盐锅峡库区的北岸，于1999年发现了刘家峡恐龙足迹化石遗迹点。至今已在2平方千米范围内发现了10处恐龙足印化石出露点，人工揭露化石点面积近2800平方米，挖掘出11类150组共1831个足印。这里的翼龙足迹是中国发现的第一个翼龙足迹，其中一组蜥脚类足印的大小在白垩纪时期的恐龙足印中为世界最

和政羊（临夏世界地质公园 提供）

刘家峡恐龙足印（临夏世界地质公园 提供）

大，这里食植类和食肉类恐龙足印共存、鸟脚类与蜥脚类足迹化石共生的现象世所罕见。这些类型丰富、保存完好的距今 1.4 亿年至 1 亿年前早白垩世的恐龙足印化石，对于研究恐龙的生理特性、生活习惯，以及它们的生活环境和生物分类具有重要的科学意义。这些珍贵的化石材料为深入了解恐龙的类别和足印遗迹与生物之间的关联提供了关键线索，其科学研究价值极高。

丹霞地貌——炳灵丹霞

临夏地质公园的丹霞地貌主要分布于黄河两岸。距今 1.4 亿年至 1 亿年前早白垩世

的河湖环境中沉积的紫红色砂砾岩暴露地表后，在风化、侵蚀、溶蚀和重力崩塌等外力地质作用下形成奇峰峭壁式的丹霞地貌。世界文化遗产、中国十大石窟之一炳灵寺镶嵌于丹霞陡壁之中，为丹霞地貌景观增加了一层神秘的文化底蕴，故这里的丹霞地貌统称为炳灵丹霞。黄河河道蜿蜒曲折，黄河岸边丹霞形态变幻，彼此交相辉映，构成了临夏地质公园一处极具观赏性的美景。

在河之州——黄河三峡

中国第二长河黄河，从青藏高原倾泻而下，注入临夏地质公园，形成独特的"S"形

炳灵丹霞（临夏世界地质公园 提供）

路线，塑造了炳灵峡、刘家峡和盐锅峡这三大峡谷景观。这三大峡谷不仅为当地提供了重要的水源，同时也是黄河水资源综合利用的典范。在漫长的地质演化过程中，黄河切割了临夏积石山，最终抵达青藏高原之巅。这里的三峡作为黄河自天而降的第一站，见证了黄河的磅礴气势，其阶地序列记录了青藏高原隆升及黄河上游段溯源侵蚀的全过程。历史上，这里曾是大禹治水的起点。刘家峡水电站是中国首个自主设计、施工和建造的大型水电工程，展示了中国在水电领域的卓越成就。盐锅峡水电站是黄河龙羊峡至青铜峡河段的第八个梯级水电站，以发电为主，兼顾灌溉，被誉为"黄河上的第一颗明珠"，也是新中国"根治黄河水患，开发黄河水利"的标志性工程。

彩陶故里　丝路地缘

临夏是中华文明的重要起源地之一，新石器文化和考古遗址众多。5000多年前的先民们就已在黄河之滨安居乐业，留下了数不尽的古文化瑰宝。马家窑文化、半山文化、齐家文化等文化遗产享誉世界，尤其是各文

黄河三峡（临夏世界地质公园 提供）

齐家文化博物馆（临夏世界地质公园 提供）

化时期那些绚丽夺目的彩陶，器型丰富，图案多变，使得这里被誉为"中国彩陶之乡"。临夏自秦汉以来就设县、置州、建郡，古称枹罕，后改称河州。临夏是古丝绸之路南道要冲、唐蕃古道重镇、茶马互市中心，是文成公主进藏的途经之地，享有"西部旱码头""东有温州、西有河州"的美誉。

黄土伴黄河　花儿永唱吟

临夏地质公园位于北纬36度线，跨越我国第一阶梯和第二阶梯的过渡区域，是连接农区和牧区、汉族与其他民族地区的桥梁。其独特的地理位置孕育了高寒山地、森林、草地、峡谷和黄土等多元化的地貌特征，形成了综合地域景观系统。同时，该区域也是青藏高原与黄土高原过渡带以及西秦岭与祁连山交汇处的关键生物资源库，展现了丰富的生物多样性。

在临夏地区，分布着7个植被型和56个群系，包括临夏牡丹、芍药、蓝靛忍冬果等具有地方特色的植物种类。特别是临夏牡丹，以其独特的魅力，展示了"牡丹随处有，胜绝是河州"的壮丽风光。此外，区域内生活

花儿河州（临夏世界地质公园 提供）

着 1140 种野生动物，其中 8 种哺乳动物和 25 种鸟类被列为国家重点保护动物。

临夏地区汇聚了包括回族、汉族、东乡族、保安族、撒拉族等在内的 31 个民族，各民族在这片土地上和睦共处，共同创造了丰富多彩的地方文化和独特的民族工艺。经过历史沉淀，这里形成了 20 种世代相传的文化习俗和技艺，包括 1 项世界非遗、11 项国家级非遗、29 项省级非遗和 119 项州级非遗，为传承和弘扬中华优秀传统文化作出了贡献。

"花儿"是流传于西北地区的多民族民歌，因歌词中将青年女子比喻为花儿而得名。作为"花儿"的发祥地和最主要的传唱地，临夏被誉为"中国花儿之乡"。2004 年联合国教科文组织授予永靖县"联合国民歌考察采录基地"称号。2009 年"花儿"被列入世界非物质文化遗产代表作名录。

占地 0.41 平方千米的八坊十三巷保存了 30 院四合院和 109 座古民居，展示了中国特色的古建筑艺术和上千年的历史印痕，融合了河州建筑艺术中的"三绝"——河州砖雕、河州木雕、河州彩绘及水系、街巷、多民族古民居等多种类型文化资源，成为临夏地质公园中一处独特的民族文化旅游地。

将自然资源和文化遗产相融合，借世界地质公园大舞台，吟唱"花儿临夏"的新乐章。

（孙洪艳）

临夏世界地质公园

李流芳

行装迢递到春山，风物峥嵘意暂闲。
河涌峡门千里外，花开佛手六朝前。
疏石导水禹功始，设渡通关帝业全。
万笏峰高巍不动，天留一线待追攀。

45 /

长白山世界地质公园

MOUNT CHANGBAISHAN

UNESCO
GLOBAL
GEOPARK

长白山世界地质公园位于吉林省东南部，在长白山保护开发区管理委员会的行政区域内，其东南部与朝鲜民主主义人民共和国相邻，未跨越中华人民共和国和朝鲜民主主义人民共和国边界，公园总面积2723.832平方千米。长白山地质公园于2009年取得国家地质公园建设资格，2020年成为世界地质公园候选地，并于2024年被正式批准为世界地质公园。

属地长白山

地质公园所在区域属受季风气候影响的温带大陆性山地气候。春季风大干燥，夏季短暂温凉，秋季多雾凉爽，冬季漫长寒冷。常年平均气温在–7℃至3℃之间，夏季平均气温小于10℃，1月气温最低，平均在–20℃。年降水量在700毫米至1400毫米之间，6至9月降水占全年降水量的60%—70%，无霜期短。

长白山地质公园水资源丰富，河道纵横，拥有86条河流，流域面积大于1000平方千米。还有瀑布、温泉和湖泊，水质优良。

长白山是松花江、图们江和鸭绿江三大水系的发源地，松花江主要支流发源于长白山天池（山顶火山口湖），鸭绿江源自长白

长白瀑布（卓永生 摄）

山南坡，河道上拥有许多瀑布，图们江发源于长白山东坡。长白山地质公园内还拥有众多温泉和湖泊，主要为火山口湖，如天池，其湖水平均深度204米，最深373米，湖水总蓄水量20.4亿立方米。

长白山地质公园内动植物种类十分丰富。特殊的地理位置和地质构造，形成了长白山特有的植物区系，主要由红松和阔叶林、针叶林、岳桦林、高山苔原等组成，具有明显的垂直分带性。

资源特色

长白山地质公园位于欧亚大陆东部华北板块北东缘与中新生代北东向滨太平洋火山造山带交接处，区内岩浆活动强烈。在太古代—早元古代，因板内伸展导致幔源岩浆侵入，共发生了三次火山活动。古生代，在白乃庙岛弧带上发育一系列与俯冲相关的岛弧岩浆岩和弧后盆地岩浆岩。中生代构造总体为陆内伸展和与地幔隆起相伴生的岩石圈大规模减薄，形成了安山岩—英安岩—流纹岩岛弧形陆相钙碱系列火山岩（晚三叠世—侏罗纪），以及沿裂谷及其邻近的断裂带规模较大的基性岩浆喷发（白垩纪末）。至新生代，特别是第四纪是本区火山岩最发育的阶段，多期次、多类型的火山喷发活动形成了地质公园多种岩石类型、巨型复式火山锥及其复杂的火山地貌类型，特别是约1000年前的大喷发，影响范围大，火山碎屑堆积物类型特殊，具有十分重要的科学研究意义。

地质公园中拥有4种具有国际意义的地

中华秋沙鸭（武耀祥 摄）

巨型复式火山锥（卓永生 摄）

质遗迹类型，即巨型复式火山锥与火山口群组成的火山地貌，千年火山大喷发及其堆积物，火山碎屑峡谷，巨型火山口湖。

巨型复式火山锥与火山口群组成的火山地貌

长白山天池火山是目前世界上保存最完整的新生代复合巨型火山锥之一。长白山天池巨型复式火山锥的形成经历了三个火山喷发活动阶段，分别为造盾喷发阶段、造锥喷发阶段和爆炸式喷发阶段。这三个阶段在时间上经历了数百万年，主要由粗面质与碱流质熔岩以及碎屑岩交替叠加而成的复式巨型

火山锥。在中新世—上新世和上新世末—更新世，火山岩岩石组合系列分别对应为橄榄拉斑玄武岩—碱性玄武岩—粗安岩—碱流岩和拉斑玄武岩—碱性玄武岩—碱性粗面岩—碱流岩，这种岩石组合及演化系列在世界范围内罕见。长白山天池火山作为中国东北部新生代内陆成因火山，反映了火山发育的完整过程，规模巨大，在复式火山中极具代表性，对研究中国东北部火山成因机制、时空分布具有十分重要的科学价值和国际对比意义，其保存的完整性及火山地貌的独特性、典型性对于研究西太平洋板块俯冲、弧后盆地的伸展、不同历史阶段岩浆的来源及其地幔和地壳岩浆活动的强度具有重要的科学意义。

长白山地质公园范围内有380余个火山口，在东亚地区是火山数目最多、密度最大和火山岩分布最广的地区。200多座斯通博利式喷发形成的小型玄武质火山锥和夏威夷式喷发形成的碱流质小型火山盾，对揭示中国东部新生代火山形成的动力机制有重要的科学意义，同时对于火山灾害监测与预防也具有重要的现实意义。

千年火山大喷发及其堆积物

爆炸式的千年大喷发（公元946年左右）是天池火山最新一次的大规模喷发活动，也是天池火山最著名、最被广泛关注的喷发事件，喷发分为两个阶段，包括赤峰期的空落浮岩、火山碎屑流及火山泥石流，和园池期的空落浮岩层、粗面质碎屑流。广泛分布于天池火山四周且出露较好，且存在两个阶段之间岩浆混合的现象。

长白山火山是我国唯一保存火山碎屑流堆积和火山泥流堆积的火山，千年大爆发形成的火山碎屑流堆积和火山泥流堆积以及火山空落物，无论其类型、规模和分布范围都属世界级，在国际上具有重要科学对比意义。这里是研究火山喷发物理过程的极好场所，是研究火山爆发强度、扩散能力、火山爆发

规模以及火山碎屑流、火山泥流的侵位机制的良好基地。

长白山天池火山是近2000年在地球上发生过大规模爆炸式喷发的火山之一，作为中国已知最大的具有潜在喷发危险的活火山，是中国火山监测的重点对象。

火山碎屑峡谷

锦江峡谷、鸭绿江峡谷是长白山世界地质公园中独有的高原火山碎屑峡谷地貌，形成于千年前的普林尼式火山大爆发，是赤峰期所喷发的火山碎屑流层（浮岩流层）经流水侵蚀、切割形成的峡谷地貌。峡谷中保存了长白山天池千年火山大喷发过程中形成的各类堆积物，是喷发过程的详细记录，它对天池火山爆炸式喷发序列的建立有重要的科学意义。峡谷中形成的石林、石柱、象形石等独特微地貌景观，在世界范围内绝无仅有，不仅具有重要的科学价值，而且具有很高的美学和观赏价值。

巨型火山口湖——天池

天池是长白山地质公园必看的景观，是世界著名的景点。火山口湖周围有16座山峰

锦江峡谷（赵月明 摄）

长白山天池（卓永生 摄）

长白山地质公园河洛文化园（卓永生 摄）

环绕，是亚洲海拔最高和面积最大的火山口湖。天池湖水始形成于天文峰期喷发后的数十年间，后在千年大喷发中重新注入。天池作为典型的破火山口湖，是天池火山喷发和演化的历史遗迹，具有重要的地质科学研究考察意义，同时也具有很高的美学欣赏价值。

自然文化

长白山地质公园拥有悠久的历史，区域内最古老的人类是1964年发现的"安图人"，距今约26000年。长白山地区还发现了许多旧石器时代、新石器时代、青铜时代的文化遗址。长白山是中国东北各族历代先民心中的圣山，崇拜、祭祀长白山的传统由来已久，金朝女真族、清朝满族等都把祭祀长白山列为国家祀典。此外，长白山是满族的发源地和朝鲜族聚居地，拥有独特的文化习俗（萨满文化）。

长白山特殊的地理位置造就了独特的冰雪文化。长白山冰雪文化活动包括"冰雪嘉年华""热气球节""国际冰雕雪雕艺术展""冬季摄影比赛""国际森林公路自行车赛""国际林海雪地马拉松节"等，这些冰雪文化活动体现了人与自然的和谐共生。

（王璐琳）

长白山世界地质公园

周子健

朔风吹欲狂，千里起苍茫。

雪岸悬危瀑，云峦隐烈光。

枯荣分圣境，冷暖共仙乡。

岂有池中物，惊雷亦可藏。

46 /

武功山世界地质公园

WUGONGSHAN

UNESCO
GLOBAL
GEOPARK

千峰嵯峨碧玉簪，五岭堪比武功山。

观日景如金在冶，游人履步彩云间。

——（明）徐霞客：《游武功山》

2023 年武功山在网上突然一夜之间火出圈，一跃代表江西的景区登上了全国热门景区的榜单，优美的景色、悠久的历史，加上独特的烹饪文化和美食文化，让每一个到来的人都感受到了这户外天堂、云中草原带给我们的浪漫。武功山在 2024 年获批成为世界地质公园网络成员，公园面积为 1470.82 平方千米。

属地武功山

武功山地质公园位于江西省西部萍乡、宜春、吉安三市交界处，地处湘赣边境的罗霄山脉北段，公园内的主峰白鹤峰（金顶）海拔 1918.3 米，是江西省境内的第一高峰，自古为江南三大名山之一，有"衡首庐尾武功中"之美誉。公园内以完整的花岗岩穹隆控制下的低纬度花岗岩高山草甸、花岗岩峰林、Z 字形陡坡飞瀑群、环武功山"温泉链"等地质地貌景观享誉世界。

武功山金顶（武功山世界地质公园 提供）

地学价值

武功山世界地质公园地处扬子板块与华夏板块汇聚带的南侧，自新元古代以来经历了多期构造—岩浆演化，是研究扬子板块与华夏板块裂解、碰撞、对接变形的理想园地。公园拥有丰富的地层剖面、花岗岩剖面、构造剖面，断裂、褶皱、劈理、线理、节理等构造变形遗迹，穿云石笋、武功山神、万宝柜、金鸡归巢、葛仙采药等花岗岩象形石景观，风景河段及湖泊等水文地质遗迹，是大自然留给人类研究花岗岩穹窿及其地质地貌的天然博物馆。

武功山地质公园的地学价值主要体现在三个方面。其一，武功山花岗岩穹隆控制了公园内多层次地质遗迹的发育。武功山花岗岩穹隆形成过程中的穹顶拉平作用在核部志留纪花岗岩内形成了近水平的糜棱面理，控制了穹顶的风化与剥蚀过程，为高山草甸的形成奠定了基础。武功山花岗岩穹隆在隆升过程中形成的多组节理控制了核部侏罗纪花岗岩峰林、峰丛和Z字形瀑布的形成。其二，

乾坤一柱（武功山世界地质公园 提供）

武功山地质公园羊狮慕峰林（臧秀德 摄）

秋天的武功山高山草甸（武功山世界地质公园 提供）

武功山花岗岩穹隆在形成过程中伴随着地壳大尺度的拆离，拆离断层带沟通了深部热源与水循环，并在空间上控制了武功山环状温泉链的形成。武功山花岗岩穹隆位于华南腹地，是晚中生代欧亚大陆东部巨型伸展背景下的产物。与其他绝大多数华南伸展构造的伸展极性不同，武功山花岗岩穹隆表现出近南北向的拆离。这种差异的拆离极性对于深入理解晚中生代岩石圈伸展机制和动力因素具有重要的意义。其三，武功山地质公园内早古生代沉积岩中记录了大量与哥伦比亚超大陆裂解（约 16.8 亿年）、罗迪尼亚超大陆

武功山国际帐篷节（余和平 摄）

的聚合（约 10 亿年）和裂解（约 760 Ma）相关的信息。武功山地区还发育与潘吉亚超大陆拼合和裂解密切相关的早古生代（462—410 Ma）、早中生代（ca. 260—225 Ma）和晚中生代（ca. 150—130 Ma）构造—岩浆事件。武功山记录的多期次构造—岩浆信息是了解地球早期超大陆形成与演化的重要窗口。

生态价值

武功山呈北东 / 北北东向展布，整个山势呈东南高、西北低的走势，主峰白鹤峰

武功山欢迎你（武功山世界地质公园 提供）

海拔 1918.3 米，最低海拔仅 200 米，高差 1718.3 米，在气候分区上武功山属于亚热带湿润季风气候区，受特殊地形影响，具有冬寒夏凉、春秋相连、气候温凉、雨量充沛、空气潮湿、雾多风大的气候特点，年平均气温 14℃至 16℃，5 至 9 月平均气温 10℃至 18℃，土壤主要类型为紫色土、高山草甸土、山地黄棕壤土、黄壤土及红壤土。武功山生态优良，具有丰富的动植物资源以及完整、平衡的生态系统。武功山境内峰峦叠嶂、沟谷幽深，至今保留着数十万亩原始林和次生林，遗存着各类种子植物、蕨类、苔藓类、大型真菌类和夜光树、银杏、红豆杉等珍稀树种 2000 多种，动物 200 多种，种类较全，数量众多，其中有很多品种属于国家级的珍稀动植物，构成了武功山的特色生物群落景观。

美学价值

武功山世界地质公园拥有丰富的自然生态资源，动植物种类繁多，森林覆盖率高达近90%，形成了"峰、洞、瀑、石、云、松、寺"齐备的山色风光，时有云海、晨曦、彩霞、日出等气象奇观出现。在这片神秘的土地上，岩层层叠如艺术的调色板，每一块石头都是自然雕琢的杰作。晨曦或夕阳洒在山巅，投下深邃的影子，勾勒出壮美的轮廓。在武功山，流水潺潺，奔腾而下，如一曲天籁之音，让人沉醉其中。蔚蓝的天空映衬着山峰的轮廓，形成一幅宛如天然画布的画卷。这里的自然之美，如同大自然对艺术的完美创作，给予人们一种深沉而宁静的心灵体验。武功山地质公园以其独特的地貌和景观，为人们呈现了大自然最精湛的艺术之美。

文化价值

武功山地质公园拥有丰富和悠久的历史与文化。作为佛道融合的胜地，武功山自古以来就是虔诚信仰者的重要朝圣之地。无数的道家和佛家高人选择来这里修行，使得武功山不仅承载了宗教文化，还见证了数代历史的变迁。在明朝时期，香火达到了鼎盛，山上南北建起了100多处庵、堂、寺、观。唐宋以来，诸多名人学士都来登山游赏，并留下了许多珍贵的墨迹。这里既是信仰之地，更是历史的缩影，为人们传递着珍贵的文化遗产。

（田 楠）

武功山世界地质公园

欧阳金明

顶聚蓬莱气，身心沐暖阳。

一山风正软，两岸水生香。

田野新着色，溪河渐滟光。

小蜓真解趣，飞进我诗囊。

47 /

恩施大峡谷—腾龙洞世界地质公园

ENSHI GRAND CANYON-TENGLONGDONG CAVE

UNESCO
GLOBAL
GEOPARK

　　恩施大峡谷—腾龙洞世界地质公园位于湖北省恩施土家族苗族自治州的利川市和恩施市境内，总面积约 679.19 平方千米。恩施大峡谷—腾龙洞地质公园地跨恩施市和利川市，西北部与重庆市毗邻。于 2019 年取得国家地质公园建设资格，2023 年成为世界地质公园候选地，2024 年正式加入世界地质公园大家庭。

属地特征

　　恩施大峡谷—腾龙洞世界地质公园所在的区域是一座绚丽多彩的土家族苗族文化宝库，是民族文化的摇篮，是古老的人类活动地区之一，同时也是巴文化的发祥地，繁衍着一个古老悠远的民族——毕兹卡，世称土家族。区域内文物资源分布广泛、类型多样，包括古遗迹、古墓葬、古建筑、近现代重要史迹及代表性建筑、石窟寺及石刻等。

　　公园所处的利川市位于湖北省西南部，西靠蜀渝、南邻潇湘、北依三峡，冬无严寒，夏无酷暑，气候宜人，被誉为"天然氧吧、清凉之城"，是国内外游客的休闲避暑胜地。有"中国西部文化名城""最美中国·生态旅游目的地城市""中国避暑休闲百佳县""2017·百佳深呼吸小城""中国最具

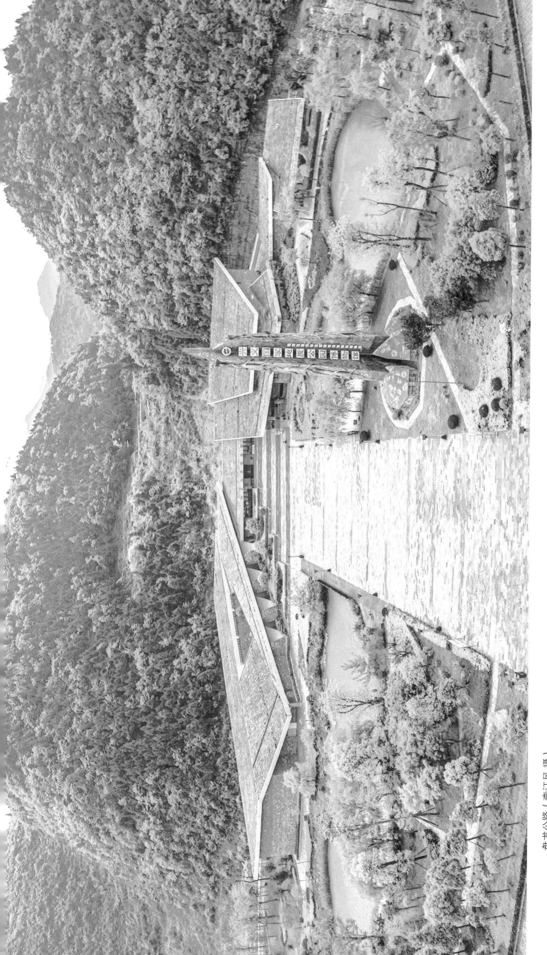

盘龙公路（李江风 摄）

山路十大拐（陈伟明 摄）

民俗文化特色旅游目的地""中国山马第一城""国家园林城市""湖北省森林城市"等荣誉称号。利川是一座历史悠久的文化之城，是世界25首优秀民歌之一《龙船调》的故乡，它是巴文化的发祥地，巴蜀文化在这里交汇融合，民族风情浓郁，历史文化厚重。摆手舞、肉连响舞动山岳，山民歌、利川小曲歌海如潮。

资源特色

恩施大峡谷—腾龙洞地质公园内地质遗迹景观分布广泛、类型多样，主要有举世罕见的套叠型大峡谷——恩施大峡谷，以及所包含的七星寨—大门楼石林、云龙河地缝（嶂谷）、腾龙洞巨型洞穴群（旱洞）及腾龙洞伏流（地下河）、朝东岩大峡谷、鹿院坪峡谷、利川团堡天坑群、利川见天坝二叠纪末生物礁等地质遗迹景观。公园生物多样性丰富，是"鄂西林海"的核心部分之一，有"华中植物园""天然基因库"及"华中药库"的美誉。

利川腾龙洞（李江风 摄）

七星寨石柱林（李江风 摄）

石柱（李江风 摄）

利川腾龙洞

利川市北郊发育在早三叠世中的腾龙洞多层伏流洞穴系统，已测洞穴通道长度达52.8千米（为中国第三长洞），自上而下分别由早期高位洞穴（毛家峡—三龙门穿洞群）、旱洞和水洞（清江伏流通道）三层洞穴组成，早期洞口高74米，宽64米，规模世界第三（仅次于巴西的岩屋洞和马来西亚的鹿洞）。

七星寨石柱林

七星寨石柱林位于恩施沐抚前山村大扁寨，海拔1618米，七星寨石柱林面积3平方千米，初步统计共有62座石灰岩石峰、石柱，石柱高20米至285米，直径7米至195米，拔地而起，丛列似林，密集广布，规模大，观赏性之高冠绝全国，全球罕见，被称为世界神奇地理奇观之一，属世界级地质遗迹。

云龙河地

云龙地缝（嶂谷）位于恩施大峡谷东部，地处恩施沐抚办事处境内。平面上呈"之"字形，总体呈近南北向，面积11.3平方千米，全长7.5千米，平均深达75米，最窄的地方只有12米，最宽的地方有150米。云龙地缝自谷底向上至谷坡、谷顶，主要出露二叠纪（2.5亿年至2.95亿年前）和三叠纪（2.03亿年至2.5亿年前）碳酸盐岩。地缝的形成最早始于喜马拉雅运动（大约3200万年前），由于地壳运动使得鄂西山地抬升，区域地层发生变形并伴生剪切破裂，产生了大量的陡倾或直立的X形共轭节理裂隙，随着变形作用加强就形成了追踪张开裂隙，并不断被加深拓宽。后期的风化、冲蚀、坍塌等外力地质作用使得追踪张开裂隙处于谷底地带，成为早期的云龙河伏流段，且以暗河形式沉睡地下二三千万年,后因水流在地下强烈掏蚀，在地表不断剥蚀，致使暗河顶部坍塌，地缝才得以面世，构成恩施大峡谷一大奇观。

利川见天坝生物礁

利川见天坝生物礁是我国发育最典型并且保存最好的二叠纪生物礁之一，从剖面上可以清晰地看到海绵这种生物在区域内从奠基、拓殖、繁殖直到衰亡的各个阶段，也是国内目前研究生物礁各方面成因、特征、沉积环境资料最全面、系统、详细的生物礁地点之一。礁体结构完整、造礁生物丰富，厚度大、分布面积广、出露好，除海绵类古生物化石以外，还发现了原地保存完好的菊石化石，填补了2.6亿年前该区域食物链的

和谐家园（李江峰 摄）

重要一环，对研究 P/T（二叠纪—三叠纪）大灭绝事件发生前的古海洋环境、钙质海绵的生存生长环境和生态系统组成、长兴期油气资源勘查等具有重要的科学意义。

文化遗产

恩施大峡谷—腾龙洞地质公园所在的区域是巴文化的发祥地，历史悠久，文化底蕴深厚。公园内有七星寨、沐抚古镇、梵音洞天、女儿会发源地等 22 个人文景观资源点，以"土家族"为代表的特色民族文化、源远流长的文化遗产和灿烂夺目的人文景观构成了地质公园又一大特色。

地质公园所在区域内土家族、苗族、侗族等少数民族文化资源十分丰富，民俗风情种类繁多，特色鲜明，在国内甚至世界范围内都具有极高的知名度。区域内有以土家吊脚楼为代表的民族建筑文化；有以摆手舞、撒尔嗬、傩舞等为代表的民族歌舞文化；有以土家情人节"女儿会"为代表的民族节庆；有以西兰卡普为代表的民族服饰文化。

其中，利川民歌《龙船调》，是世界上最优秀的民歌之一。现已开发的大型演出《龙船调》汲取恩施地区极具特色的土家民族音乐元素和表现形式，融入土家悠久的历史文化，全方位展现了土家族苗族人民原始生活情景，兼具舞台艺术美感与实景展现，享誉海内外。

（王璐琳）

恩施大峡谷—腾龙洞世界地质公园

宋华峰

云龙盘地缝，霞客觅风光。

履壑舟为屐，驯峰栈作缰。

遥思追造化，巨力想洪荒。

何处成心祭，青天一炷香。

参考文献

1. Eder W. UNESCO Geoparks—A new initiative for protection and sustainable development of the Earth's heritage. Neues Jahrbuch Für Geologie Und Paläontologie–Abhandlungen, 1999. 214 (1~2): 353~358.

2. Global Geoparks Network. 2016. Global Geoparks Network Statutes. ［OL］. ［2020–05–27］ http:// globalgeoparksnetwork. org/? page_id = 214.

3. Jiang W, Wang C, Liu N, et al. Ecological quality of a global geopark at different stages of its development: Evidence from jiangxi UNESCO Global Geopark, China ［J］. Global Ecology and Conservation, 2023, 46: e02617.

4. Piotr MIGON. 三清山——中国的隐秘财宝 ［J］. 地质论评, 2007,(201): 91–97+233–234.

5. UNESCO. 1972. Convention Concerning the Protection of the World Cultural and Natural Heritage ［OL］. ［2020–05–27］ http://whc. unesco. org/en/conventiontext

6. UNESCO. 2015a. Statutes of International Geoscience and Geoparks Programme ［OL］. ［2020–05–27］ https://unesdoc. unesco.org/ ark:/48223/pf0000260675.

7. UNESCO. 2015b. Operational Guidelines for

UNESCO Global Geoparks (English and Chinese versions) ［OL］.［2020-05-27］https://unesdoc.unesco.org/ark:/48223/pf0000260675.

8. UNESCO. 2015c. Guidelines on the Use of the UNESCO Global Geoparks Linked Logo. UNESCO Document.

9. Wu L, Jiang H, Chen W, et al. Geodiversity, geotourism, geoconservation, and sustainable development in jiangxi UNESCO global geopark—a case study in ethnic minority areas ［J］. Geoheritage, 2021, 13(4): 99.

10. Zouros N, Martini G. Introduction to the European Geoparks Network. Proceedings of the 2nd European Geoparks Network Meeting, 2003. 3 ~ 7, Lesvos Island, Greece.

11. 陈安泽. 旅游地学大辞典［M］. 北京：科学出版社，2013：1~506.

12. 陈梦婷. 黄冈大别山世界地质公园生态安全评价及景观格局优化研究［D］. 中国地质大学，2023：1-155.

13. 陈廷亮，张磊. 守望民族的精神家园——湘西土家族苗族自治州非物质文化遗产保护与传承现状调查［J］. 中南民族大学学报（人文社会科学版），2008，28（06）：71-75.

14. 丹霞山世界地质公园［J］. 国土资源情报，2010，（9）：58.

15. 翟福君，刘桂香. 第四纪镜泊火山活动与镜泊湖世界地质公园［J］. 地质与资源，2010，19（1）：53-57.

16. 高艳. 时间深处坚硬的存在——镜泊湖世界地质公园的今昔［J］. 黑龙江史志，2020，（5）：37-39

17. 郭福生，凌媛媛，陈留勤，等. 丹霞山世界地质公园地貌景观控制因素与景观类型研究［J］. 现代地质，2023，37（6）：1665-1679.

18. 蒋忠诚，张晶，黄超，等. 湘西地质公园岩溶峡谷群成因及其地学意义［J］. 中国岩溶，2019，38（02）：269-275.

19. 黎子骞，甘沛奇. 云南石林世界地质公园石头演绎的艺术与风情［J］. 西南航空，2010，（3）：26-30.

20. 李保锋，张忠慧. 王屋山—黛眉山世界地质公园规划［M］. 华中科技大学城市建筑与规划学院，河南省地质调查院，2005.11

21. 李金妹. 江西三清山：遇见最美丽的花岗岩［J］. 今日中国，2016，（5）：86-88.

22. 李洋. 嵩山世界地质公园地质特征与旅游资源保护开发［D］. 中国地质大学（北京），2014：1- 140.

23. 李忠．石林世界地质公园地质遗迹深层次保护开发［J］．云南地质，2008，（2）：136–140．

24. 梁会娟．世界地质公园之瑰宝 嵩山［M］．北京：地质出版社，2017．

25. 梁诗经，文斐成，陈斯盾．福建泰宁丹霞地貌中的洞穴类型及成因浅析［J］．福建地质，2008.27（3）：296–307．

26. 柳萌．地质公园与属地协同发展问题研究——以湖北神农架地质公园为例［D］．对外经济贸易大学，2017．

27. 骆团结，赵洪山．张家界世界地质公园［J］．国土资源情报，2009，（1）：61．

28. 马瑞申，张忠慧等．东亚裂谷系对云台地貌的控制作用［M］．中国云台山世界地质公园申报专题研究报告．河南省地质调查院，2003.6

29. 潘颖君，徐颂军．试论地质公园的生态旅游前景——以广东丹霞山世界地质公园为例［J］．华南师范大学学报（自然科学版），2005，（4）：105–110．

30. 邱小平．岩石物理化学性质对泰宁丹霞洞穴的形成制约［J］．福建地质，2014.33（1）：43–49．

31. 曲从俊．石头演绎的艺术与风情：走进云南石林世界地质公园［J］．资源导刊（地质旅游版），2011，（4）：34–45．

32. 渠玉冰．王屋山—黛眉山地质公园龙潭峡地质遗迹特征及成因分析［D］．中国地质大学（北京），2016

33. 任明兰，李冶平．论镜泊湖世界地质公园的旅游发展规划［J］．城市建设理论研究（电子版），2013，（32）．

34. 世界自然遗产地：三清山：西太平洋边缘最美丽的花岗岩［J］．价格月刊，2013，（4）：F0004

35. 陶奎元，黄茂菖，陈耀晶，等．试论地质公园的地质、生态和乡村旅游的有机结合：以中国雷琼海口火山群世界地质公园为例［J］．海口经济学院学报，2011，（3）：21–24．

36. 陶奎元．中国雷琼·海口火山群·世界地质公园研究［M］．南京：东南大学出版社，2012．

37. 田美玲．嵩山世界地质公园地质遗迹保护与旅游开发研究［D］．中国地质大学（武汉），2010．

38. 田明中，史文强，孙继民．克什克腾晚新生代火山地质研究［M］．北京：地质出版社，2011．

39. 田明中，孙洪艳，武法东，等．中国克什克腾世界地质公园花岗岩景观［M］．北京：

地质出版社，2007.

40. 田明中，武法东，张建平，等.中国克什克腾世界地质公园科学综合研究［M］.北京：地质出版社，2007.

41. 孙洪艳，阿如罕，田明中.中国克什克腾世界地质公园第四纪冰川地貌调查与研究［M］.北京：地质出版社，2019：1-91.

42. 汪锋，王晓峰，朱英培，等.三清山 西太平洋最美花岗岩［J］.森林与人类，2013，（12）：160-167.

43. 王凤云，张忠慧，等.黛眉山国家地质公园综合考察报告［M］.河南省地质调查院，2004.6

44. 王桂珍.丹霞山旅游资源的分类、特征及其开发［J］.佛山科学技术学院学报（自然科学版），2008，（5）：34-37

45. 王红.世界喀斯特地貌的精华——云南石林［J］.新长征（党建版），2016，（2）：60.

46. 王建平，李江风，樊克锋，等.中国云台山世界地质公园申报综合考察报告［M］.河南省地质调查院，中国地质大学(武汉)，河南省地矿局第二地质队，2003.6

47. 王建平，张忠慧，等，王屋山—黛眉山世界地质公园综合考察报告［M］.河南省地质调查院，2005.11

48. 王宗英.地质公园语言景观研究——以三清山世界地质公园为例［J］.东华理工大学学报（社会科学版），2019，38（1）：22-25，37.

49. 温建良.美丽的镜泊湖［J］.集邮博览，2019，（8）：70-71.

50. 文斐成，陈斯盾，梁诗经.泰宁世界地质公园的科学与科普价值［J］.福建泰宁，2007：26-30.

51. 文彤，杨倩珍，冯珊.丹霞山世界地质公园生态旅游发展研究［J］.特区经济，2007，214（4）：189-191

52. 吴亮君，陈伟海，容悦冰，等.湘西地质公园红色碳酸盐岩石林发育特征与研究价值［J］.中国岩溶，2020，39（02）：251-258.

53. 吴毅，刘文耀，沈有信，等.云南石林景区主要乡土植物物候特征的初步研究［J］.山地学报，2006，（6）：647-653.

54. 湘西世界地质公园.走进湘西地质公园丨一座天然的地质博物馆，一颗武陵山区的璀璨明珠［EB/OL］.（2018-05-22）［2024-01-22］.https：//mp.weixin.qq.com/s/y3xgoxWocOH6tFcHEs5ReQ.

55. 湘西土家族苗族自治州人民政府.州情介绍［EB/OL］.（2013-11-3）［2024-01-22］.

https: //www.xxz.gov.cn/zjxx/xxgk_63925/zqjs/.

56. 晓生.张家界黄石寨砂岩峰林［J］.地质学刊，2012，（2）：146.

56. 肖明光，陈欣，陈宁璋.泰宁丹霞岩穴文化群落之谜——试述丹霞岩穴文化与泰宁历史人文的关系，in 中国地质学会旅游地学与地质公园研究分会第 22 届学术年会暨泰宁旅游发展战略研讨会 2007：中国福建泰宁.

58. 肖亿，谭丹，阳芝，等.张家界世界地质公园科普旅游开发现状研究［J］.商展经济，2022，（8）：34–36.

59. 徐睿智.广东丹霞山旅游资源分类及旅游前景论述［J］.商情，2012，（31）：174.

60. 雅宁.云南石林世界地质公园［J］.华北国土资源，2014，（1）：51.

61. 颜丽虹，田明中.河南王屋山—黛眉山世界地质公园地质旅游开发探析［J］.资源与产业，2012，（3）：112–117.

62. 杨梦瑶，基于游客感知的神农架地质公园旅游解说系统的开发研究［D］.湖北大学，2018：1–84.

63. 杨晓双，周园园，肖湘云.中国泰宁丹霞世界自然遗产教育价值分析［J］.当代旅游，2022.20（11）：70–72.

64. 叶张煌，刘嘉麒，尹国胜，等.江西三清山国家地质公园地质遗迹资源概述［J］.资源与产业，2013，（1）：82–88.

65. 尹祝，黄鸿新，罗平，等.三清山世界地质公园地质遗迹分类及其地学意义［J］.西北地质，2018，51（4）：276–283.

66. 袁杨森，杜学良，魏振国，等.伏牛山世界地质公园宝天曼园区地质遗迹现状及保护对策［J］.华东地质，2016.37（4）：306–310.

67. 云南石林国家地质公园［J］.资源导刊（地质旅游版），2013，（11）：14–19.

68. 云南石林世界地质公园［J］.国土资源情报，2010，（3）：57.

69. 张岑.北国明珠镜泊湖: 刚与美的互补［J］.今日中国，2016，（5）：89–91.

70. 张家界国家森林公园 从小林场到国际旅游胜地的美丽升华［J］.林业与生态，2012，（11）：9–10.

71. 张家界砂岩峰林: 无价的地理纪念碑［J］.地球，2016，（7）：91.

72. 张建平.解析联合国教科文组织世界地质公园标准［J］.地质论评，2020a，66（4）：874~880.

73. 张建平.世界地质公园的前世今生［J］.

地质论评，2020b，66（6）：1710～
1718.

74. 张天义，李江风，等.伏牛山世界地质公
园申报综合考察报告［M］.河南省国土
资源科学研究院，中国地质大学（武汉），
2005.11

75. 张希梦.张家界的山：历经沧海桑田的稀
世之美［J］.地球，2023，（4）：22-25.

76. 张兴辽，席运宏，李进化，等.河南省古
生物地质遗迹资源［M］.地质出版社，
2011.

77. 张忠慧.嵩山世界地质公园重要地质遗
迹类型及其科学内涵［J］.地质论评，
2012.58（6）：1183-1192.

78. 张忠慧，王凤云，章秉辰，等.河南省南
太行地区旅游地质资源［M］.河南省地
质调查院，2008.9.

79. 张忠慧，王凤云等.王屋山国家地质公园
综合考察报告［M］.河南省地矿局第二
地质队，2003.6

80. 张忠慧，章秉辰，任利平，等.郑州市旅
游地质与地质文化资源调查报告［M］.
河南省地质科学研究所，2021.

81. 张忠慧，张良，仝长水，等.黄河贯通八
里峡的时代研究［M］.北京：中国大地
出版社，2006.

82. 张忠慧.伏牛山：中华脊梁上的世界名山
［J］.科学画报，2015（11）：38-39.

83. 张忠慧.母亲河畔，王者之山［J］.科学
画报，2015，（9）：34-35.

84. 张忠慧.巍巍嵩山 岳立中天［J］.科学画
报，2015（10）：36-37.

85. 张忠慧.峡谷奇观云台山［J］.科学画报，
2015（8）：36-37.

86. 张忠慧.云台地貌形成之研究［M］.西安：
西安地图出版社，2003.

87. 张忠慧.嵩山世界地质公园重要地质遗
迹类型及其科学内涵［J］.地质论评，
2012，（6）：1183-1192

88. 张忠慧.天然画廊南太行——南太行山在
河南留下的十大地质奇观［J］.自然资源
科普与文化，2023，（1）：30-35

89. 章秉辰，张贤良.带你科学游玩河南地质
公园［M］.河南人民出版社，2023.

90. 赵洪山.碧水青山映丹崖 水上丹霞话泰
宁.地球，2015（02）：96-101.

91. 赵洪山.伏牛山：大陆复合型造山带的地
质教科书 伏牛山世界地质公园拍摄记[J].
地球，2018（01）：102-106.

92. 赵太平，张忠慧.中国嵩山前寒武纪地质
［M］.北京：地质出版社，2012.

93. 赵汀.世界地质遗迹保护和地质公园建设

的现状和展望［J］.地质论评，2005，51（3）：301~308.

94. 郑英杰.湘西文化生态及其影响［J］.吉首大学学报（社会科学版），2001,（02）：65-69.

95. 仲锋，韩东起.走进"天作之美"的云南石林寻找"喀斯特"地质神话［J］.祖国，2011,（9）

96. 周翠.雁荡山世界地质公园流纹质火山地质遗迹特征、成因及演化规律研究［D］.东华理工大学，2021：1-73.

97. 朱七七.张家界大峡谷,湖南"小九寨"［J］.旅游世界，2023,（12）：54-57.

98. 朱学稳，黄保健，朱德浩，等.广西乐业大石围天坑群发现、探测、定义与研究［M］.广西科学技术出版社，2003：1-184.

后 记

如果要给 46 亿岁的地球写一本传记，除了查找各方资料之外，我们该从哪方面入手？又该怎样去写出几十亿年的地球历史？

自 20 世纪 60 年代开始，经过地质学家们的苦苦探索和实践，终于找到了散落于岁月长河中的一些历史证据。可以说，这是一段沧海桑田的传奇故事。

地质公园的建立，为人们解读"地球天书"提供了一个个精彩的华章，并以其独特的风貌展现给全世界，让人们再一次认识和欣赏这个新的公园。

地质公园是以具有地质科学意义、稀有的自然属性、较高的美学观赏价值、有一定规模和分布范围的地质遗迹景观为主体，并融合其他自然景观与人文景观而构成的一种独特的自然区域。它是地质遗迹景观和生态环境的重点保护区，是地质科学研究与普及的基地；同时，它又是能为人们提供具有较高科学品位的观光旅游、度假休闲、保健疗养、文化娱乐的场所。

经过长期的理论探索与实践，在世纪交替之际的 2000 年，全球终于迎来了地质公园的诞生，"欧洲地质公园网络"正式形成，首批包括法国普罗旺斯高地地质公园、德国埃菲尔山脉地质公园、西班牙马埃斯特地质公园和希腊莱斯沃斯石化森林地质公园 4 个成员。

几乎在同一时间，中国的地质公园计划也进入实施阶段。2000年，中国国土资源部编制了《国家地质公园总体规划指南》，以指导国家地质公园规范工作。2001年3月，中国国家地质公园领导小组审批建立了首批11处国家地质公园。

2001年6月，联合国教科文组织执行局在经过三次讨论后决定，"支持成员国的特别努力"，以促进具有特别地质特征的区域或自然公园的发展。

2003年，联合国教科文组织与中国国土资源部共同在中国北京设立"世界地质公园网络办公室"。2004年2月，联合国教科文组织在巴黎召开的会议上批准了首批25家世界地质公园，其中包含8个中国的世界地质公园和17个欧洲地质公园。标志着全球性的"联合国教科文组织世界地质公园网络"的正式建立。

截至2024年4月，联合国教科文组织世界地质公园共有213处，分布在全球48个国家和地区。中国的世界地质公园有47处，数量位列各国之首。

《极美之境——中国的世界地质公园》是一本全面反映中国的世界地质公园地质遗迹资源、历史风貌、社会发展及民族文化特色的地质公园论著，分别用中文、英文、俄文三种文字编写和出版，图文并茂，旨在让读者更好地了解中国的世界地质公园。希望本书的出版能为世界地质公园的建设与科学普及带来帮助，更为读者的阅读增添无尽的乐趣，启迪读者热爱自然科学的意识，丰富读者的知识与生活。

本书最后的每处世界地质公园的配诗，由北京诗词学会会长、中国地质大学（北京）褚宝增教授带领多位擅长诗词的中国地质大学（北京）师生校友共同命题创作，诗风古雅清隽，与公园神韵相映生辉，为书增色不少。

世界地质公园网络的建立，促进了地质遗迹保护，推动了当地经济发展，同时促进了地学知识的普及，加强了中国世界地质公园网络成员间及与国际的交流与合作。

本书由中国地质大学（北京）马俊杰、田明中，国家地质公园网络中心张志光主编，中国地质大学（北京）张建平、武法东、程捷、刘晓鸿、孙洪艳、王璐琳、田楠等参加了本书的编写工作。

本书能够顺利出版，离不开中国国家林草局、世界地质公园网络办公室的大力支持，在此向他们表示感谢。

我们要特别感谢中国的47处世界地质公园所在地政府、地质公园管理部门及所有为地质公园建设作出奉献和贡献的每一位工作人员，是这些地质公园的管理者无私地提供了大量的资料和精美的图片，这些资料是本书特别重要的不可或缺的组成部分，感谢中国地质科学院金小赤、郑元、何庆成、郝美英、李春麟、赵志中、杨艳；国家地质公园网络中心孙文燕、王敏，东华理工大学郭福生，中国地质学会旅游地学与地质公园研究分会王艳君，地质科普摄影家赵洪山，云南环境监测总院杨艳华，中国科学院地理研究所黄河清，张家界世界地质公园博物馆邓紫，中国地质大学（武汉）李江风，脚爬客（武汉）信息技术有限公司韩非，中国地质大学（北京）徐科健等，没有你们的支持，要完成本书的编写几乎是不可能的，书中引用了一些图片，请图片作者及时与我们联系，我们将给予适当的稿酬，以示谢意。此外，书中部分图片来源于网络，在此向照片拍摄者、提供者表示真挚的感谢。

由于收集资料和编著者的水平所限，本书的内容难免挂一漏万，错误在所难免，请读者与我们联系，我们将及时更正。

田明中

2024 年 4 月

图书在版编目（CIP）数据

极美之境——中国的世界地质公园/马俊杰，田明中，张志光主编.
—北京：北京师范大学出版社，2024.6（2024.11 重印）
ISBN 978-7-303-29931-7

Ⅰ.①极… Ⅱ.①马… ②田… ③张… Ⅲ.①地质-国家公园-
介绍-中国 Ⅳ.①S759.93

中国国家版本馆 CIP 数据核字（2024）第 103845 号

营 销 中 心 电 话　010-58805385
北 京 师 范 大 学 出 版 社
主题出版与重大项目策划部　http://www.bnupg.com

JIMEI ZHIJING
出版发行：北京师范大学出版社　www.bnupg.com
　　　　　北京市西城区新街口外大街 12-3 号
　　　　　邮政编码：100088
印　　刷：天津市宝文印务有限公司
经　　销：全国新华书店
开　　本：787 mm×1092 mm　1/16
印　　张：24.5
字　　数：400 千字
版　　次：2024 年 6 月第 1 版
印　　次：2024 年 11 月第 2 次印刷
定　　价：168.00 元

策划编辑：祁传华　　　　　责任编辑：祁传华
美术编辑：王齐云　　　　　装帧设计：王齐云
责任校对：陈　民　　　　　责任印制：赵　龙